乐嘟宠物系列丛书

松狮犬

陈 晨　主 编

杨 玲　编 著

科学普及出版社

·北京·

图书在版编目（CIP）数据

松狮犬 /杨玲编著.—北京：科学普及出版社，2009
（乐嘟宠物系列丛书 /陈晨主编）
ISBN 978-7-110-06980-6

Ⅰ.松… Ⅱ.杨… Ⅲ.犬—驯养 Ⅳ.S829.2

中国版本图书馆CIP数据核字(2009)第077577号

自2006年4月起本社图书封面均贴有防伪标志，未贴防伪标志的为盗版图书

策划编辑　肖　叶
责任编辑　金　蓉
装帧设计　白　燕
摄　　影　吕文志　祝全新
责任校对　王勤杰
责任印制　安利平
法律顾问　宋润君

科学普及出版社出版
北京市海淀区中关村南大街16号　邮政编码：100081
电话：010-62103210　　传真：010-62183872
http://www.kjpbooks.com.cn
科学普及出版社发行部发行
北京盛通印刷股份有限公司承印
*
开本：720毫米×1000毫米 1/16 印张：6 字数：100千字
2009年6月第1版 2009年6月第1次印刷
ISBN 978-7-110-06980-6/S·458
印数：1—5 000册 定价：26.90元

本书作者：杨玲女士

　　1999年，作者接触松狮犬并一见钟情，自此对这个独特犬种的兴趣一发不可收拾。从最初将松狮犬作为宠物喂养，到后来成为一个职业的松狮犬繁育者，整整十年的时间里，作者努力将这个源自中国但一度不为国人所熟知的犬种推广到越来越多的地方。

　　作为一个优秀的繁育者，同时也是一个出色的指导手，作者对于松狮犬的热爱除了发自内心的喜爱外，更多是出于一种民族情怀。松狮犬源自华夏，但是由于历史上的种种原因，这个带有东方隐士气质的犬种在中国越来越少，反而在西方世界倍受欢迎。而在国际犬展的舞台上，松狮犬的标准一直是由国外的机构制定的。让松狮犬重新在中国这片土地上繁衍生息，告诉世界中国拥有最好的松狮犬，这也是作者对于自己职业的终极理想。

从业履历

- **1999年**　拥有了自己第一条宠物松狮犬。
- **2000年**　10月成立北京安娜名犬养殖中心，开始专业繁殖松狮犬。
- **2001年**　于北京第一次参加专业犬展，所繁育的一条幼犬获得"幼犬组B.I.S"（Best in Show全场总冠军赛）。
- **2002年**　于上海参加第一届佳良杯国际宠物展，所带一条红色成年公犬"飞飞"获得全场RBS。
- **2003年**　荣获中国畜产品流通协会中国宠物专业委员会发的"中国宠物名人"奖。
- **2005年**　荣获中华全国供销合作总社颁发的中国CPSC（China Pet Service Center）宠物名人奖。
- **2005年**　被多家媒体追踪报道并获得"松狮皇后"的美誉。
- **2007年**　成立BPC（北京畜牧业协会宠物养殖协会）松狮俱乐部，当选为俱乐部主席，成功举办中国第一届松狮犬单独展，共有来自全国各地的70多条松狮犬参展，当时为国内之最。
- **2007年**　邀请美国松狮犬繁育专家、顶级指导手Kathy Beliew女士来华讲座。这是中国松狮犬繁育者第一次与松狮犬繁育的国际最高水准对话。
- **2008年**　10月，作者独立繁育出的中国松狮犬"金刚"在Kathy Beliew女士的带领下在美国四处征战，取得优异成绩，一度成为AKC(American Kennel Club美国养犬俱乐部）排名中单犬种和全犬种积分第一名。
- **2008年**　成立由AKC直接授权的NGKC（National General Kennel Club)松狮犬俱乐部并当选主席，同年11月举办松狮犬国家展，参展犬只达到150条，创下松狮犬参赛纪录。
- **2009年**　由作者发起的松狮犬俱乐部已经发展为拥有15个省和3个直辖市分部的全国机构，而安娜犬舍所取得的成就已经在行业内和广大的松狮犬家庭养殖者中家喻户晓。

The author: Madame Yang Ling

The author first saw chowchow in 1999 and almost fell in love with it at first sight. From then on, she develops great interest in the unique dogs. Starting from an ordinary pet owner, she became a professional breeder later, and what's more, during the ten years' life with chowchows, the author makes great efforts to popularize this kind of dogs, chowchow which derives from China but isn't well know to us, to more and more places. As an excellent breeder and handler, the author loves chowchow from the bottom of her heart, besides she loves it because of a kind of national sentiment. China is the home of chowchow, but for various historical reasons, this kind of dogs becomes less and less in China. In western world chowchow is very popular and as to the international dogs exhibitions, all the standards are made by the foreign organizations. Let the chow back to its homeland and reproduct on the land, telling the world that China own the best chow, which are the author's ultimate ideals of her career

curriculum vitae

- **1999**   Madame Yang owned her first chowchow as a pet dog.
- **2000**   Yang set up Beijing Anna's Kennel Club and she began to feed chowchow with professional opinion.
- **2001**   One of Yang's chowchows won the "Best in Show" award in puppy class when she first sign up for a dog show in Beijing.
- **2002**   A dog named Feifei taken by Yang Ling won "Reserve Best in Show"award in the 1st Jialiang Cup Dog Show.
- **2003**   Yang was prized with "Personage in China Pet Industry " issued by CPPC (China Pet Professional Consortium) in this year.
- **2005**   Yang prized "China Pet Service Center Personage" issued by ACFSMC (All China Federation of Supplyand Marketing Cooperatives).
- **2005**   Yang was reported frequently on media and honored "Queen of Chowchow Breeder".
- **2007**   Yang established China Chowchow Club and be elected as the president. She hold the 1st Chowchow Specialty Show in China at this year. There are more than 70 dogs participated in the show, and that made a record at that time.
- **2007**   Kathy Beliew, a chowchow breeding specialist and a excellent handler from the USA, was invited to China by Yang Ling in this year. The Chinese breeders first met the highest level of chowchow breeding on the lecture given by Madam Beliew.
- **2008**   A chowchow named "King Kong", breeded by Yang Ling independently, traveled to the USA with Kathy Beliew in this year. King Kong is a big surprise to the American because this "Made in China" dog has won so many "BIS" in shows, and he sits on the top of American Kennel Club's score list for rather a long time.
- **2008**   Yang set up the NGKC(National General Kennel Club) Chowchow Club authorized by the American Kennel Club .She organized the chowchow national specialty show in later November.There are more than 150 chowchows in the show, and that's the result for Yang's effort in popularize chowchow.
- **2009** The China Chowchow Club initiated by Yang Ling is enlarging to more than15 provinces all over the country.Beijing Anna's Kennel Breeding Center has became more and more famous to the chowchow breeders in China.

前言 Preface

　　"乐嘟宠物圈"自创立以来，一直以推动健康的养宠生活、提倡合理的养宠习惯为己任。两年来，乐嘟在行业内不断探索、学习，希望能够将更科学、合理的养宠知识推荐给广大读者。当我们取得了一定的工作成果时，身负读者厚望与支持的我们，怀着回报与答谢的心情将这些心得奉献出来，化作文字以飨读者——任何信息的能量都产生于共享的过程，而"乐嘟宠物系列"丛书的出版，就是"乐嘟宠物圈"将自己在不断积累的过程中所获得的心得，以一种更直观、更系统的方式与广大读者进行共享，以达到编读双方共同进步的目的。

　　本丛书以专业性和通俗性为最大特点，既能为普通宠友提供养宠常识，又能满足专业人士获得权威知识补充的需求。书中运用大量生动的图片来解释纯种犬的由来、标准、特点、疾病的防治、美容护理、训练等内容，涉及宠物成长过程中应当注意的绝大多数问题，并从专业的角度做出了科学合理的解释和分析。

　　《松狮犬》是本丛书中的一个重要组成部分。长期以来，松狮犬的繁育状况都属于"墙内开花墙外香"，原产自中国的松狮犬，其标准却一直由国外宠物机构制定。这种现状激发了许多国人对这个犬种的繁育热情，本书的作者杨玲女士就是其中之一。作为繁育松狮犬的专家、中国松狮犬协会会长，杨玲女士对待松狮犬的热情，已经超出"工作"、"事业"等词汇所能涵盖的范畴，堪称"痴迷"二字。多年的呕心沥血最终结出了硕果，她所繁育的松狮犬已经在国际赛场上屡获殊荣，其中一只拥有纯粹中国血统的名为"金刚"的黑色松狮犬自从2008年10月赴美国参加犬展以来，一直名列前茅，至此书出版之日，"金刚"在美国AKC全犬种和单犬种的积分排名中均列第一名，这标志着中国松狮犬终于在国际舞台上发出了"自己"的声音，也许微弱，但振聋发聩。

　　在此书的编撰过程当中，我们也真切地感受到杨玲女士对于松狮犬的那份骨子里散发出来的热爱，她那一丝不苟的工作态度，使我们肃然起敬。正是由于杨玲女士无私地奉献了自己的专业知识和多年来积累下的经验，我们才能将如此精彩的图书呈于读者面前。

　　最后，"乐嘟"要感谢科学普及出版社的工作人员对出版本丛书的大力支持，感谢多年来始终陪伴在我们左右的宠友及读者朋友们，感谢白燕、王彩霞、陈鑫源对本书的付出和努力。"乐嘟宠物圈"和大家的梦想永远是一致的：让中国的宠物行业逐渐专业化、规范化，让更多的宠友受益，让中国的宠物事业明天更美好！

"乐嘟宠物系列"丛书主编

Contents 目录

犬种的由来

The Root of Chowhow

松狮犬

松狮犬是诞生于中国的一个神秘犬种。它生性高贵、威严、坚毅。有人很好奇这样的性格是怎么形成的。其实是松狮犬在繁衍过程中的坎坷经历使其最终形成了这种不卑不亢的坚毅性格。想知道究竟松狮犬有什么故事吗？本章将带领大家，一起到远古的中国探究松狮犬的神秘历史。

松狮犬名字的由来

公元前2年，佛教传入中国。在佛经的描述中，位于天竺的佛教寺院被一种名为"狮子"的神奇动物所守护。由于狮子并非中国原产的动物，所以中国的僧侣们只能根据佛经中的描述来构建"狮子"的形象——他们找到了一种和这种神兽很像的动物作为参考来雕刻寺院门口的石狮子，传说这种动物后来因此而得名"松狮犬"。

松狮犬体格健壮，头部宽大，整个身体紧凑有力，一圈立毛环绕着松狮犬的脑袋，这让它和威风的雄狮有着太多的相似之处，也难怪当初的僧人会选择它作为狮子的范本。

松狮犬的英文名叫"Chow Chow"，这个名字代表了松狮犬的一部近代"海外漂泊史"。18世纪末期到19世纪初期，那些和中国交易的欧洲商人回国时都会满载各式各样的小东西，"Chow Chow"一词原意是小玩意儿、小食品的统称，后来是形容商船满载而归的样子。而松狮犬原本也是船上的货品之一，后来船员便泛指它们为Chow Chow。这个酷似狮子的动物一到西方就引起了人们的兴趣，它深深的杏仁眼总带着东方式的神秘、从容和深邃，显得高深莫测。现如今Chow Chow已经成了松狮犬的标准称呼。还有一种未经考证的说法是，外国商船的水手上岸到中国餐馆吃饭，错将跑堂说的"炒炒"听成狗肉，由此"Chow Chow"名传海外。

松狮犬和中国的渊源

目前一种说法是松狮犬原产于中国西藏，是一个古老的东方犬种，这种神秘的动物与中国有着很深的历史文化渊源。在历史上，松狮犬与藏獒、拉萨犬等同属喇嘛们尊崇的神圣动物，被视为恶灵的敌人，因此常用做寺院的护卫犬。但是由于很多历史文献在朝代更迭中遭到毁灭性的破坏，所以关于松狮犬出现的确切年代尚不明确，目前也很难考证松狮犬的祖先。人们在从汉代古墓中发掘出的陶器上发现了最早的松狮犬形象，所以可以确定，这一犬种至少有2000年的历史。

还有些学者认为松狮犬的历史可追溯到更久远的年代。传说，3000年前的匈奴人最早开始训养松狮犬，在关于匈奴人的战争传说中可以看到作为"奇兵"使用的体型硕大的黑嘴犬，而在捕猎时这种动物还可以作为护卫犬。有人猜测，这就是松狮犬的祖先。松狮犬最初作为警犬，用以防范敌人入侵，后来则成为贵族的猎犬。汉代末期，松狮犬成为跟随军队出征的一支特殊队伍，但这个时候的松狮并不是作为猎犬使用，而是作为粮草之一。它们用自己的血肉之躯来喂饱战士们的肚子，稳定汉朝的江山，随军出征的松狮犬数量最多的时候曾经达到过几千只。到了公元7世纪的唐朝，松狮犬成为最受皇室推宠的一个猎犬犬种，顶峰时唐朝皇室曾经拥有过2500对松狮犬和1万名猎人的庞大捕猎阵容。

到了明末清初，松狮犬依然活跃在历史上，传说清朝开国君主努尔哈赤在南征北战之时都会带着一条松狮犬在身边。公元1587年，努尔哈赤在一次战役中受伤，昏倒在一片芦苇荡中，敌人火烧芦苇荡，想要通过此举消灭努尔哈赤。然而当他醒来时，发现自己安然无恙，身边芦苇却都已经湿透倒成一片，再看那条爱犬浑身湿漉漉的，已经死在一边。原来这条松狮犬为了救主人，不断用身体蘸着湖水压倒主人周围的芦苇做出一条防火带，最终精疲力竭，亡命于此。为了表彰这条爱犬的救主之功，努尔哈赤后来封它为固山额真，并颁旨满人不能食狗杀狗。据说黄狗救主的传说和满族人不吃狗肉这一风俗有关。

然而绝大多数人相信松狮犬的原产地是中国的北方，但是这种蓝舌头的狗在中国南部也拥有庞大的数量，尤其是在广州境内。在一些传说中，这个犬种在被人们称之为"松狮"之前通常以"黑舌"或者"黑嘴"犬著称。在北方，它也被称为狼犬、黑熊犬、黑舌头或者广东犬等。

松狮犬的发展史在某种意义上也折射出人类部分的发展史，随着古代中国分久必合、合久必分的朝代更迭，松狮犬的命运也一波三折，或受人推宠，或被人鱼肉，其生活经历在不同程度上也反映了当时历史的动荡情况以及发展脉络，同时也对松狮犬的特殊性格起到了决定性的作用。

松狮犬的异国情缘

有文献记载，公元前一千年前左右，塔得人从古代中国境内带了一种中型犬，这种犬的头像狮子，有奇特的"蓝黑色"舌头。有人相信这是西方历史上第一次提及关于松狮犬"出国"的内容。但在之后的很长时间内，西方人对于这一神秘犬种一无所知，直至近代。

18世纪中叶著名的博物学家吉尔伯特·怀特从他的邻居那里看到了这样一种貌似狮子的犬，并写在了他的书信体博物志《塞耳彭自然史》中，这完成了松狮犬在西方历史上有文字可考的第一次亮相。当时松狮犬的出现并没有引起人们太多的关注，直到1880年，英国驻华使官把从中国带回的一对松狮犬作为礼物送给维多利亚女王和爱德华七世，由于松狮犬文静、高雅，很快成为维多利亚女王的宠物，这直接引发了英国民众对于松狮犬的关注。1887年，英国人开始有意图地对这个犬种进行繁育。1889年，第一家松狮犬俱乐部成立。1890年，一头叫塔克雅的松狮犬第一次在美国参加了展示比赛，并在纽约西敏寺养犬俱乐部的混杂品种犬中获得了第三名，4年后，英国养犬俱乐部正式承认了这一品种。

AKC（美国养犬俱乐部）在1903年正式承认了该品种，而后松狮犬在伴侣犬界异军突起，备受欢迎。松狮犬的优良性格使其迅速成为各国宠物犬爱好者的新宠，逐渐被世界各国养犬俱乐部所承认。1906年，美国松狮犬俱乐部成立并被吸收成为AKC的成员俱乐部之一。1920年，松狮犬甚至被好莱坞评选为"最受人们喜爱"的"影星"。

时至今日，松狮犬已经成为了美国最普及的犬种之一，并且在世界范围内广为流行。

松狮犬的故事传说

　　松狮犬蓝色的舌头是它最大的特征，关于这个特征也流传着一个美丽的神话。

　　传说远古的海和天原本是无色的，天神们经过讨论，决定用蓝色的油彩来增添生趣。但是天神也不是万能的，在粉刷天空的时候，油彩点点滴滴洒落一地，所落之处无不汪洋泛滥。眼看天灾降临，刚好有一只松狮犬路过神的油漆架，它伸出大舌头，三两下就把有生灵居住地方的油彩舔进了肚子，阻止了一次人间浩劫，只是舌头上的蓝色却再也洗不掉了。正在苦恼之时，一位天神拍了拍它的脑袋，夸它是最接近神的狗狗，并赐予它对抗邪灵的神通。直到今天，松狮犬还是传说中神佛的坐骑，被国人视为"镇宅之宝"。

　　松狮犬具有较强的独立性，并且沉稳优雅。和北京犬、巴哥犬等性格活泼的犬种不同的是，松狮犬很少主动向人甚至是主人表露讨好的情绪。此外，松狮犬有着强烈的自尊心。在珠海曾经发生过这样一个故事，一位松狮犬的主人因为心情不好而把怨气发泄到松狮犬的身上，这让松狮犬备感委屈失落，难过至极这条松狮犬竟然跳楼寻了短见。该主人知道后，悔恨不已，他怎么也想不到因为自己无意的情绪发泄竟然让松狮犬厌世自杀，这个事例足以向我们说明松狮犬的自尊心是非常强烈的。

 松狮犬

松狮犬的血统和作用

松狮犬的血统

因为史料的缺失，现在无法考证松狮犬祖先的血统，人们只能通过猜测来寻找松狮犬的起源。以前的理论认为松狮犬来源于西伯利亚北部地区，是西藏獒犬和萨摩耶犬的杂交品种，当然松狮犬也表现出了这两个品种的一些特征，但松狮犬拥有的黑蓝色舌头推翻了这一猜想。也有很多人认为松狮犬是基础品种之一，它可能是萨摩耶犬、挪威猎糜犬、凯斯犬和博美犬的祖先，所有这些犬在某种程度上都表现出相似的特征，但从外表上很难看出它和萨摩耶犬、雪橇犬有着共同的祖先。目前最为公众所接受的解释是它源于中国猎犬或是西藏獒犬，是完全没有外国血统。土生土长的中国犬。

松狮犬的作用

松狮犬在中国古代曾是一种多用途的犬种，既可以狩猎、放牧，也可以拉运、看家。松狮犬的身体强壮、结实，体态优美，骨骼强健，身体紧凑、短、宽而且深，呈方形。尾根较高，紧贴于背，整个身体由四条直而且强壮的腿支撑，有足够的耐力和敏捷性完成一系列的任务。

松狮犬最初的作用是用来护卫和狩猎。在古代强壮的松狮犬可以作为家里忠实的护卫者，同时灵敏的嗅觉，优秀的反应速度造就了松狮犬在狩猎方面的成就，成为猎人们捕猎的好帮手。因其肌肉强健、勇敢有力，有的松狮犬送到战场御敌，后来在民间经过大量繁殖，松狮犬成为百姓看家的好帮手，一度还曾经作为畜力使用。历史的动荡，让松狮犬饱受磨难。因其毛厚和肉多，松狮犬还曾经成为军队的粮草之一，为人类提供御寒果腹的皮肉。

现在松狮犬的工作职能已基本搁置，依靠可爱的外表已被人视作理想的家居宠物，集美丽、高贵和自然于一身，一脸典型的悲苦表情更添情趣。

作为一种赛级犬，以威武的姿态给人们带来无尽的乐趣和惊叹。近年来在世界各国的纯种犬专业比赛中，松狮犬以其出色的表现，曾多次获得全场总冠军，从各个品种的纯种犬中脱颖而出，这足以表明松狮犬的繁育水平以及自身具有的能力不逊色于任何一个犬种。

犬种的标准

The Standard of Chowchow

松狮犬

犬只的外部形态特征是考量这只犬的血统是否纯正的重要因素，在这一章中嘟嘟会为大家介绍国外权威犬业协会针对松狮犬所制定的相关标准，读者可以进一步了解松狮犬的身体结构特点以及运动状态下的细节特征。

松狮犬的AKC标准

　　国际权威组织针对已被认可的犬种，制定出相应的标准，以便将某个犬种与其它犬种区分开来，保证其血统的纯正。一般来说，纯种犬都是人们按照某个标准有选择地繁育出来的，因此所有的纯种犬无论其外表体形还是性格特征都要严格符合人们最初繁育这一犬种的初衷。纯种犬的标准也就是根据这种工作需求制定出来的。虽然经过上百年的发展之后，许多犬种已经由工作犬转变为观赏犬或者伴侣犬，但这些标准仍然被坚定地遵循，为致力于纯种犬繁育的专业人士提供准确的参考，为纯种犬爱好者挑选心仪伴侣提供更好的依据。

　　本书使用的是美国犬业俱乐部于2005年10月10日审核通过并于2006年1月1日起正式生效的松狮犬最新官方标准。

整体结构

体 形

松狮犬成年品种的平均身高（从地面到马肩隆）是17～20英寸（约43～50厘米），然而比数据最重要的是犬只整体的比例，且犬种类型应优于体形考虑。

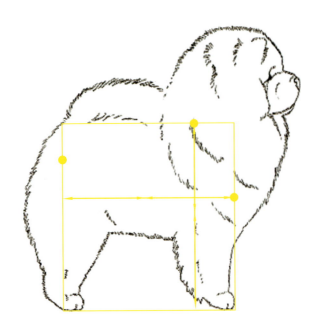

松狮犬身体的侧面轮廓为方形，结构紧凑。所谓正方形是指前胸骨到坐骨端的距离与从地面到马肩隆最高点的高度等长。从肘尖到地面的距离等于肩高的一半。如果身体轮廓不为方形则视为严重的缺陷。

松狮犬按照标准站姿站立时，胸底与肘尖在同一水平线上。

按照标准站姿站立时，无论从前看还是从后看，松狮犬的身体都很宽，而且宽度相等，四肢均垂直于地面。

 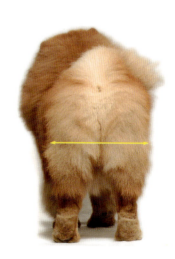

嘟嘟 提示

在松狮犬的体形结构中，这些比例至关重要。如果一只松狮犬的体形能够接近以上标准，那么说明这只松狮犬在体形上合乎该犬种的纯种犬标准。并且以上比例同样可以用在判断松狮幼犬的质量上。

头　部

头　部

　　头部要骄傲地扬起，和其它犬种相比，松狮犬的头部比例较大，但是不能夸张到看起来头重脚轻，甚至大到无法抬头。从任何角度看，松狮犬的头颅顶部都是平坦宽阔的。被毛或者松弛的皮肤不能代替应有的骨骼结构。

表　情

　　松狮犬的表情总是愁眉不展，显得高贵而庄重，严肃冷静而独立，眼神有很强的洞察力。这种愁容是因为两眼内上角的皮肤相互挤压后形成的明显褶皱造成的，两眼之间的皱纹从嘴根部一直向上延伸至前额。眼睛和耳朵都应该有正确的形状和位置，不能有过多的松弛皮肤。口鼻上也不允许出现褶皱。

眼　睛

　　松狮犬眼睛为杏仁状，颜色呈深褐色，双眼深陷，距离较宽。两眼恰到好处的位置和形状形成了松狮犬典型的东方外貌。

　　眼圈呈黑色，眼睑既不能翻转也不能下垂，瞳孔清晰可见。

　　失格：睑内翻或睑外翻，瞳孔被松弛的皮肤完全或部分遮盖。

耳　朵

　　小，厚度适当，三角形但耳尖稍圆，自然直立，略微前倾。两耳位于颅骨顶部，相距较远。耳朵的内边缘和眼睛的外边缘在同一条垂直线上。

　　失格：单耳或全部耳朵出现垂耳。垂耳即为耳朵在耳根到耳尖的任何一点上出现弯折，或者双耳不能充分竖直从而保证耳尖的连线与颅骨顶端平行。如果犬只在运动中出现任何一只耳朵下垂的现象都是不可取的。

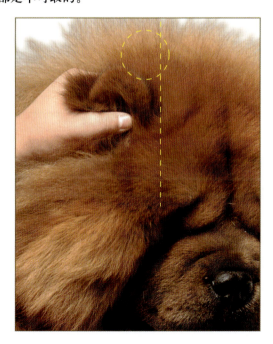

口　吻

　　从侧面看，口吻部分通过额段与颅骨柔和连接，并且其脊线和颅骨基本平行。眉间的褶皱会使得额段看起来比实际情况更突兀一些。和颅骨顶部相比，口吻部分很短，但是不能短于头长的1/3。口吻宽，位于眼睛下方，宽度和深度从口吻的底部到顶端都对应相等，形成松狮犬方形的口吻部。这种形状是基于松狮犬正确的骨骼结构、口鼻的衬托和垫子一样的嘴唇而形成的。但是吻部的衬托不能过于夸张，否则会影响到松狮犬的方形口吻。

　　失格：吻部过长或口吻部的皮肤严重下垂。

标准咬合

　　松狮犬的标准咬合应为剪状咬合。上齿与下齿紧紧地交叉重叠，标准的咬合才能形成标准的正方形口吻。

　　失格：口腔组织上面有粉色斑点。

鼻　子

　　松狮犬的鼻子大而宽，为黑色，鼻孔明显张开。

　　失格：鼻子为除黑色以外的其它颜色或出现杂色斑点。但是蓝色或者蓝灰色的鼻子对于蓝色松狮犬来说是允许的。

嘴 巴

嘴唇边缘为黑色，嘴部组织基本为黑色，纯黑色的嘴最为理想。
齿龈（牙床）黑色为佳。

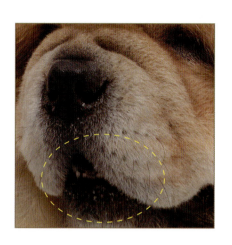
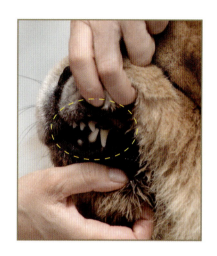

舌 头

舌头的上表面和边缘是深蓝色，颜色越深越好。
失格：舌头的上表面和边缘是红色或粉红色，或者存在红色或粉红色斑点。

躯 干

身 躯

松狮犬的身躯要短、结实、肌肉发达，宽而深，侧腰自然放松。背部、腰部、臀部要短，这样才能保持正方形的体形。肋骨不能是桶状。用手触摸时，可以感到肋骨前方的弧度在较低的一端变窄，使肩膀和上臂能够平滑地衔接，并紧挨着胸壁。

颈 部

粗壮有力、形状饱满、肌肉发达，颈部呈优美的弧拱，脖子的长度要足以使犬在站立时将头部昂起于背线之上。

背 线

背线平直，强壮，从马肩隆到尾根保持水平。

胸 部

宽而深，肌肉发达，决不允许出现胸部过窄、侧面平坦或细长的情况。肋骨紧密闭合，弧度优美，不能是桶状。胸部宽且深，一直向下延伸至肘尖位置。将手掌深入胸的底部，胸部宽度不低于手掌的宽度。胸骨的顶部位于肩胛骨的正前方。

严重的缺陷：呼吸困难或者腹式呼吸（不包括正常的喘气），胸窄或者细长、侧胸过平。

腰 部

松狮犬的腰部肌肉结实，强壮，短，宽而深。这样从侧面看犬只身体才能呈现正方形的身材，运动起来才更加有力。腰部位于肋骨末端和盆骨的前端之间的一个区域。

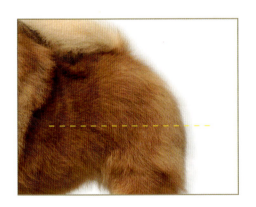

臀 部

强有力的臀部要短并且宽阔，大腿的肌肉与臀部水平。

尾 部

尾部的被毛要很健康，尾根高，紧贴背部，尾根部与脊椎在同一直线上。
失格：尾巴下垂或不紧贴背部。

前　躯

肩　胛

　　肩胛骨强壮，肌肉结实，两侧肩胛骨的尖端适度闭合；肩胛骨的脊线与地平线成55°的角，与上臂骨成110°左右的角。上臂骨的长度不能短于肩胛骨的长度。肘关节与胸壁贴合，既不内翻也不外翻。

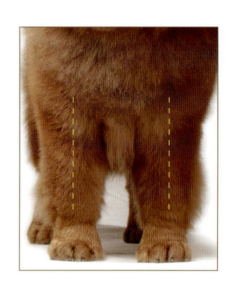

前　肢

　　从肘部到脚都是笔直的，系部短且直，腕关节的位置不能越过趾关节。前肢骨骼粗壮，但要与犬只身体的其它部位成比例。从前面看，两条前腿平行，间隔的距离与胸宽相称。

足　部

　　足爪圆，紧凑，脚趾的肉垫很厚，可以让松狮犬站立时很稳定。狼趾可以被去除。

后 躯

后 肢

臀部和大腿肌肉发达，前后肢的骨量一致。从后面看，两条后腿直且平行，两腿间距宽与骨盆宽度相称。后足标准与前足一致。可以去除狼趾。

膝关节

膝关节几乎没有任何角度，结合紧密稳定，关节顶端指向正前方，骨量匀称且明显。

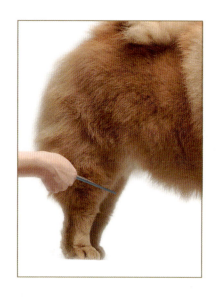

飞节

飞节自然放松，几乎是笔直的。飞节部分必须强壮，紧密而结实，不能出现弯曲或者向任何方向的扭转。飞节和后跗骨位于髋关节下方的一条直线上。后跗骨短，垂直于地面。标准飞节是形成高跷步伐的基本条件。

严重缺陷：膝关节或飞节发育不良。

被 毛

　　根据被毛的类型，松狮犬可以分为粗毛松狮犬和短毛松狮犬两种。这两种类型的松狮犬都有双层被毛。目前在国内粗毛松狮犬的数量远远大于短毛松狮犬的数量。嘟嘟在跟一些饲养过松狮犬的饲主交流时，询问他们为什么选择粗毛松狮犬不选择短毛松狮犬，大多数饲主回答不知道有短毛松狮犬这一品种。还有一部分饲主说，购买松狮犬就是因为喜欢它那一身的长毛，短毛松狮犬似乎没有了松狮犬的神韵。在这里嘟嘟有必要针对松狮犬的被毛进行详细的解释，使读者可以对松狮犬有全方面的了解。

　　粗毛松狮犬：也叫长毛松狮犬。粗毛松狮犬被毛丰富、浓密、平直，毛层紧贴身体。外层毛发粗硬，底层的毛柔软且浓密，类似于羊毛。幼犬的全部被毛柔软、浓厚，与羊毛类似。毛发在头部与颈部周围形成丰厚的环状领，呈现狮子头的效果。公犬的被毛和环状领比母犬长。尾部有漂亮的羽状饰毛。被毛长度会因松狮犬的个体差异和被毛厚度的不同而不同，在这一点上，被毛的质地和状态显然比长度更重要。在给松狮犬美容时，对于毛发过度的修饰和修剪是不可取的，主要的修饰集中在胡须、足部和趾部。

　　短毛松狮犬：除了外层被毛的毛量和分布不同外，短毛松狮犬与粗毛松狮犬的评审标准没有任何差别。短毛松狮犬的外层被毛硬、浓密，内层被毛明显。在尾部和腿部不能有明显的环状或羽状毛发。

颜 色

松狮犬的颜色清晰，多为纯色，或者鬃毛、尾部、毛尖略带轻微的纯黑色。松狮犬有五种颜色：红色（淡金黄色至深红褐色）、黑色、蓝色、肉桂色（浅黄色至深肉桂色）和奶油色。在正式的犬展中这些颜色的松狮犬都可以接受，它们的评判标准相同。

红 色

红色的松狮犬在小的时候通常面部比较黑，毛不是红色的，而是深咖啡色的。随着个体的成长，这些颜色会逐渐变淡，到成熟期后经过换毛，红色毛便会出现。在松狮幼犬满3月龄之后换毛时，要看脸和脚的毛发，如果是红色的话，成犬时毛色便会换成红色。鼻子的颜色一定要是黑色，如果有粉红点则被视为失格。所有松狮犬的眼睛都是越黑越好。

蓝 色

蓝色松狮犬的颜色是一种铁青色，有点像衬有银色阴影的黑色松狮犬。蓝色包括从暗青色（类似于新牛仔裤的颜色）到淡蓝色（类似于褪色的蓝色牛仔裤的颜色）。吻部和下肢往往会因为毛色深浅不一而出现椒盐色，使它们看起来好像蒙上了一层"霜花"。有些蓝色松狮犬会出现棕色阴影，如果长时间受到太阳的暴晒，蓝色会褪色成为铁锈色。除了黑色之外，蓝色松狮犬的鼻子还允许出现蓝色或蓝灰色，但是绝不能是棕色的。

 松狮犬

黑色

黑色的松狮犬在出生时便是黑色的，有时尾巴部位会有银色阴影。如果晒太阳太多，黑毛会变铁锈色。所谓"朱古力"色的松狮犬基本上都是褪色的黑色松狮犬。

奶油色

奶油色（从象牙色至浅黄色），也是松狮犬出生时的颜色。奶油色的松狮犬多棕色的耳朵和脚丫。缺乏经验的繁育者会把肉桂色误认为奶油色。在犬赛中极少见到奶油色的松狮犬，因为它们的鼻头在成犬时会变成咖啡色，而咖啡色鼻头是失格的。

肉桂色

肉桂色可能是最容易被误解的颜色，也最难描述。肉桂色包括从灰色或者粉红色与淡米黄色相间的颜色一直到一种带有深色阴影的赭色。和蓝色松狮犬一样，肉桂色成犬在吻部也会因毛色深浅不一而出现椒盐色，使它具有明显的"霜花"外观。肉桂色松狮犬在刚出生时总是带有一点银色，经验不足的繁育者往往会将其误认为蓝色。幼犬出生数周后，这种银色的外观就消失了。肉桂色的幼犬常常有灰白色"口罩"，一直到它们成熟之后才会消失。肉桂色松狮犬的鼻子必须是黑色的，绝不允许出现棕色或灰色。一些新手往往会把成年的肉桂色松狮犬和红色松狮犬混淆。

步　态

　　正确的步态是检测松狮犬身体结构和健康状况的关键。步态应该矫健，直线行走，灵敏、简洁、迅速、有力，不能显得笨拙。由于后半身短且直，因此松狮犬的步伐短，而且出现明显的"高跷步"。从犬只的侧面可以很好地观察到这种独特的步伐，后腿从臀部发力运动时，分别向上向前发力，呈现一种僵硬的好像钟摆式的直线运动。在行走过程中，犬只的臀部不断轻微的跳动，腿既不过于向后伸，也不过于向前伸。后腿力量强劲，能够通过最小角度将最大的力量直线传递到前驱。

　　从后面看，髋关节到足垫的骨骼线条在犬只运动时始终保持一条直线。随着步伐加快，后腿会略微向内倾斜。膝关节一直指向运动的方向，不能因为罗圈腿出现外八字或跛行。

　　从前面看，从肩部到足部的骨骼线在犬只运动时始终保持笔直。当步伐加快的时候，前腿不能完全保持平行，而是略微向内倾斜。运动时前腿绝不能出现外摆式的半圆步、小碎步或表现出任何拖沓的步伐。

　　身体的前后部分必须保持动态平衡。

　　松狮犬的奔跑速度不快，但是耐力出众，这有赖于笔直有力的后腿提供直接有效的力量。为了保证这种推力能够更有效地传递，松狮犬的身躯必须要短，而且在腹部不能出现隆起。

气　质

聪明、独立和与生俱来的强烈自尊使得松狮犬看起来有种漠然的气质。松狮犬的性格和其它犬种的性格有非常明显的不同，它没有强烈的人宠互动性，对主人指令的服从性较差。天性保守，看上去不太让人亲近，但有很强的洞察力，不具有攻击倾向或胆怯的表现。松狮犬的沉稳表现吸引了一大批的痴迷者，在国内外的关注度一直呈上升趋势。

由于松狮犬的眼睛深陷，它的视力范围有限，所以最好从它的正前方靠近它。

以上介绍的内容为松狮犬的犬种标准，读者可以根据此标准选择松狮犬，越接近标准的松狮犬就越优秀。但读者不应根据自己的喜好挑选某一部位夸张的松狮犬，而忽略了整体的选择。松狮犬的外貌、性格、各部分的协调性以及在运动过程中的稳定性都是关键。专业的审查员在评判一只优秀的松狮犬时也会从松狮犬的结构、平衡、稳健、性格等方面进行综合的评判。最后嘟嘟要强调以下特征应特别注意，这些是松狮犬典型的失格特征：

1.松狮犬的一只或两只耳朵下垂。出现垂耳是指从耳朵底部到尖部的某一点出现断裂，或者是耳朵不能直立。

2.松狮犬的鼻子出现斑点或明显不是黑色。蓝色松狮犬除外，它的鼻子可以是深蓝色或暗蓝灰色。

3.松狮犬的舌头表面或边缘为红色或粉红色，或有红色或粉红色的斑点。

赛场上的松狮犬

在松狮犬标准的介绍中，嘟嘟提到了松狮犬的AKC标准，那么什么是AKC？除了AKC的标准，还有哪些辨别纯种犬的标准呢？下面嘟嘟会——展开介绍。

AKC（American Kennel Club），即美国养犬俱乐部，是一家致力于纯种犬事业的非营利性组织，成立于1884年，由美国各地多个独立的养犬俱乐部组成。AKC每年记录一百多万只犬的亲代情况，AKC地方代表和养犬监察员，定期返回总部向其所在部门主管汇报工作。美国养犬俱乐部的使命包括：对纯种犬进行登记；保护品种的完整性；批准促进犬业发展的运动；维护纯种犬的类型和功能；采取必要措施来保护和保证纯种犬活动的连续性。

AKC犬展的简单介绍

嘟嘟为更多的松狮犬爱好者提供专业的犬赛知识，希望有更多的读者可以带着自己优秀的犬只参加比赛。犬展是犬只的T台，是它们自我展现的最佳舞台，同样也是牵犬师的舞台，只有两者的完美结合才能获得优异的成绩。犬赛在形式上可以分为三种类型：

1.单独展。单独展是专门为一个犬种设置的比赛，所有参赛的犬种都为同一品种。一般能设立单独展的犬种都是在所有犬种中占有量比较大的，这样无论是参与的人群或犬只都足够多，观赏性也足够强。

2.全犬种展。全犬种展顾名思义是所有品种的纯种犬（AKC认可的纯种犬）都能参与的比赛。全犬种展的第一步程序为分级别赛，这是整个比赛最复杂的一部分。所有未能完成冠军登录的犬按照年龄性别繁育情况分组，经组内淘汰以每个组的第一重新分组选出获胜公犬（Winner Dog）、获胜母犬（Winner Bitch）、后备获胜公犬（Reserve Winner Dog）、后备获胜母犬（Reserve Winner Bitch）。

最佳犬种赛：这一犬种中已拥有美国冠军登陆的犬只同获胜公犬与获胜母犬进行角逐，胜出者获称B.O.B（Bost of Breed）。

最佳相对性别赛：以获得最佳犬种奖的犬只的性别为依据选出与其性别相对的异性犬只中的最佳者，获最佳相对性别奖，称为B.O.S（Best of Opposite Sex）。

最佳犬组赛：AKC设立了7个犬组，每个组的每个犬种的B.O.B进行比赛，获胜者为本组最佳，即B.I.G（Best in Growp）。

全场总冠军赛：全场总冠军为犬展的最高荣誉，由7个组别的B.I.G犬只竞争角逐最终胜出者，获B.I.S（Best in Show）的称号。

美国冠军登录犬在犬展中累计获得15分以上，才能被认定具有冠军登录资格。分数的制定受很多因素影响：一场比赛同一犬种的参赛犬只多少及其相对性别参赛犬只的多少，举办犬展的地区，去年同一场地参赛犬的多少，当时这个犬种的受欢迎程度，如何记分，通常都预先印在比赛会刊上。凡取得美国冠军登录资格的犬只，就不必再在犬展中参加分级别赛。

3.组别展。这项犬展的规模介于单独展与全犬种展之间。AKC将其承认的147种犬分为7个组分别为：

枪猎犬组　(Sporting　Group)　　　　玩具犬组　(Toy　Group)

狩猎犬组　(Hound　Group)　　　　　工作犬组　(Working　Group)

梗　犬　组　(Terrier　Group)　　　　　畜牧犬组　(Herding　Group)

家庭犬组　(Non-Sporting　Group)

不同的犬种根据不同的划分进入到各个组别参加比赛。

那么什么是纯种犬比赛呢？专业人士的定义是：由权威组织举办的，专门为挑选出优秀犬只的公开比赛，英文为Dog Show。犬展是在世界范围内推动纯种犬发展的最重要的方式。纯种犬比赛已经具有百年的历史。在世界范围内得到公认的权威组织机构有世界畜犬联盟，简称FCI，在世界各地加盟的会员国约有70多个，其他比较著名的还包括英国畜犬俱乐部（KC）、美国养犬俱乐部（AKC）等，它们都属于国家独立组织，并且与FCI互相承认。这些组织的职责包括举办讲习，举办比赛，冠军犬籍和血统书的认定、发放等工作。

松狮犬在AKC纯种犬比赛中被列为非运动犬组，这组犬的犬只差异很大，例如松狮犬、大麦町犬、法国斗牛犬和荷兰毛狮犬等，在性格特征、体型大小、毛发质地和容貌上都存在着明显的不同。松狮犬的标准是在1986年9月11日通过的，并于1990年8月21日重新修订。从此人们就按照这个标准去判断赛级松狮犬。

静态审查

在松狮犬的比赛中包括静态的审查，审查的方法是让松狮犬稳定地站在一张美容台上，或按标准站姿站在场地上，审查员依照标准，审查松狮的头部各个器官，身体部位的各种比例等等，以判断犬种的优秀程度。

动态审查

在松狮犬比赛中还包括动态的审查，也就是指导手牵引松狮犬，按照要求带着松狮犬直线来回和圆圈轻跑展示，这是检查松狮犬的前腿、后腿是否正确摆动，松狮犬的骨骼角度是否正确，听觉、视觉等注意力是否正常、集中。

审查员在对全场比赛的所有犬只一一审查后会挑选出最优秀的松狮犬授予冠军称号，在全犬种的比赛中，获胜犬只可继续挑战，直到获得最高荣誉"Best in Show"即"全场总冠军"。

松狮犬的特点

The Characteristic of Chowchow

松狮犬是一种极具特色的犬种，不仅外形特别，而且有极强的个性。所以，人们都倍加喜欢松狮犬，喜欢它充满神秘色彩的"蓝舌头"，喜欢它胖乎乎、毛绒绒的身躯，喜欢它的忠心耿耿，喜欢它的聪明机灵，喜欢它的不卑不亢……正是松狮犬具备这样的特点，使得它成为家养宠物中越来越流行的一个犬种。在本章节中，嘟嘟将逐一为大家分析松狮犬的这些特点。

松狮犬的外形特点

在前面，嘟嘟已经详细介绍了赛级松狮犬的AKC标准。在本章中，嘟嘟会介绍松狮犬最具特色的外形标志，如果说上一章介绍的是赛级松狮犬的专业标准，那么这一章的内容就是告诉大家怎样判断作为伴侣宠物的松狮犬是否有纯种血统。嘟嘟会列举出纯种松狮犬所特有的几个特征，倘若一只犬不同时具备这几个特征的话，那么它顶多是松狮犬和其它犬种的串种，而一定不会是纯种的松狮犬。

蓝色的舌头是松狮犬最具代表性的特点，这种无法模仿的舌头颜色成了松狮犬独一无二的标签。当松狮幼犬出生时，它的舌头是粉红色的，然后逐渐变紫蓝色，八周后，舌头变成深蓝色。舌头的蓝色越深越好，不能达到这种标准的犬只能不参加犬展，也不能作为纯种犬进行繁殖。

从松狮犬的前部看，犬只的上嘴唇完全覆盖下嘴唇，但不能有下垂的痕迹，吻部的宽度和深度等长，呈正方形。脸部皮肤的褶皱组成松狮犬最经典的面部表情——愁眉不展、眼神冷漠、严肃而威严。

松狮犬的尾根高，尾巴上扬，紧贴背部。尾部有长而且蓬松的饰毛。尾根低、没有紧贴背部的尾巴是典型的失格表现，不能算作是一条完美的松狮犬。

从整体上来看，松狮犬呈正方形，肩高和身长等长，显得结实稳健。而浓密的被毛让松狮犬的身材更显庞大健硕，目前，松狮犬被承认的毛色有五种：红色、黑色、奶油色、蓝色、肉桂色。如果您在犬市上遇见标注为"香槟色"、"银色"、"朱古力色"或"白色"的松狮犬，那么您就需要注意，这一类的犬只可能存在血统上不纯的风险。

松狮犬的性格特点

从一而终

松狮犬以"One Man Dog"著称，它的高度忠诚成为许多人迷恋这一犬种的理由。与其它犬种的忠诚不同的是，松狮犬的忠诚在于它一旦认定了主人，就很难对其它人产生信任感，即使是被转送到另一个人手中得到更加细心的呵护，新主人都无法得到它对于第一个主人同样的忠诚。正是因为松狮犬的这一特点，养过松狮犬的人都有"曾经沧海难为水，除却巫山不是云"的感慨，他们对于其它的犬种再没有兴趣，一心爱着对自己忠心耿耿的松狮犬。

然而，这种矢志不移的特点有时也会成为松狮犬的"缺点"，一旦它认定了它是属于"你的"，它就再也离不开你，这时候松狮犬就成了让很多的宠物美容师和兽医都很头疼的顾客，它们会固执地排斥主人以外的任何人，让美容师和兽医得不到应有的配合。著名的动物行为学家孔纳·劳伦兹在他的著作《当人遇上了狗》一书中提到过一只拥有松狮血统的宠物犬史黛西，这只犬在主人身边表现得彬彬有礼，乖巧而又伶俐，但是在主人不在家的几天里，它会成为一个彻头彻尾的"恐怖分子"，因为失去了主人的信息，史黛西会变得焦躁不安，精神压抑，甚至作出攻击其它动物或者攻击人的行为。对于松狮犬来说，如果有一天你不得不离开它，它真的可能陷入精神崩溃的境地……就像我们在第一章讲的跳楼的松狮犬一样。

傲慢独立

虽然松狮犬有着忠诚不二的优点，但是这种忠诚更多的是一种精神上的信赖，而非行动上的服从。松狮犬的忠诚与它骨子里的傲慢并不冲突，你很少能够看到一只松狮犬自动跟在主人身后——它属于你，但它同时也属于它自己。

这使得松狮犬的性格有些像猫，它傲慢，甚至难以接近。别以为看起来它毛茸茸的很可爱，你就可以近距离接近它，抱抱它——这种想法是大错特错的，松狮犬通常都会令那些看到可爱的小狗就想逗一下的路人失望的，面对陌生人的示好，它们多半是不理不睬。

这种傲慢还伴随着固执，这使得训练松狮犬需

要极强的耐心。它们甚至会固执到不会为任何体罚妥协，而松狮犬的傲慢会让它们受到体罚之后更加排斥那些自己不想做的事情，因为松狮犬的本性不是取悦主人，这种以自我为中心的性格决定了对松狮犬不能用一般的训狗手法。

神秘冷漠

松狮犬对人爱理不理，看人时又总是紧锁眉头，一副愁云惨淡的样子。冷淡、漠然也就当然成为了它的代名词。还有松狮犬那被皮毛遮住的眼睛，总是给人昏昏欲睡的感觉，看起来十分神秘。大部分的犬只都用摇尾巴来表达其兴奋之情，但是松狮犬的尾巴却更像是一种摆设，它始终沉浸在自己的世界里，极少利用摇尾巴的方法讨好主人。

松狮犬的喜恶随着自己的情绪变化，很少见到一只松狮犬主动理会人或者动物。对于主人，它们虽然忠心，却不会刻意求宠，对主人的亲友，它们神秘而冷漠，也不会奉承，不会到处撒娇。

因为这种冷漠，有人会觉得松狮犬对陌生人很不友好，往往会被误认为它是一种野性难训、有攻击性的动物。而事实上，松狮犬天性保守，很少会对外界的刺激产生剧烈的反应，只有在自己受到侵犯的时候才会表现出十分不友善。如果你不是侵占了松狮犬的"领土"，这种有着极强地盘意识的动物是不会主动攻击你的。松狮犬只会在它的地域上，保卫它所拥有的东西——包括主人的宠爱在内。

自古以来，松狮犬就是一种十分好的护卫犬。它们天生就是这样我行我素，所以并不是所有人都适合饲养，它们需要一位有经验、有耐心，并且可以认真地去接受松狮犬与其它犬种的不同之处的主人，这样才能在训练、相处时达成默契。

身怀绝技

　　作为一种理想的家居宠物，松狮犬独特的外表让大人和孩子都一见倾心。松狮犬独特的面部表情和它毛茸茸的身躯让人第一眼就觉得松狮犬可爱、神秘，略显笨笨的。其实，松狮犬那双看起来有些无精打采的眼睛绝对有着大智若愚的睿智，这个外表憨态可掬的动物工作起来可以以一当十，几乎可以称作是一种万能犬。最早的松狮犬是用作狩猎、护卫和拉运等工作，而现在，松狮犬被用作狩猎和拉运等用途大大减少，人们看重的是松狮犬可爱的外表和优秀的伴侣犬特质，反而忽视了它身上其它的天分，而松狮犬往往在真正需要它表现的时候才会露出身怀绝技的一面。

表情丰富

　　很多人认为松狮犬永远是一副愁眉苦脸的表情，这是因为它们脸上的眉毛和沟壑的缘故，让它们显得威严、庄重。其实，松狮犬的表情很丰富，面对主人时，它也会咧开嘴笑，死皮赖脸地和主人撒娇。撒娇时，它咧开上嘴唇，露出牙齿，眼睛微闭，目光柔和，耳朵向后伸，鼻内还会发出哼哼声。不过只有养松狮犬的人才可以看到这种在外人看来永远是一种表情的犬只撒娇时的样子。

松狮犬的智商特点

　　据美国哥伦比亚大学心理学教授Stanley Coren经过庞杂繁复的调查之后公布的犬类智商和工作服从性排名显示，松狮犬仅仅名列第76名——倒数第四。位于这个排名区间的犬只"通常要经过上百次练习后才能记住指令，而且必须勤加练习，否则它们会忘得像没学过这个动作一样，即使习惯养成了，它们还是没办法每次都回应主人的指令……有时候它们会把头偏离主人，像是故意不理会主人，或是故意挑战主人的权威。当它们回应指令时，行动通常缓慢不确定，或不心甘情愿……普通训练人员可能控制不了这些犬的表现。"这个评语让很多喜欢松狮犬、喂养松狮犬的人很不服气。在这里，嘟嘟有必要解释一下松狮犬的智商问题。所谓犬类的智商，一般分为工作服从智能、天赋智能和应变智能三种。而Stanley Coren教授统计的犬智力排名，主要是指犬只的工作服从性排名。

　　某一犬种长期从事某一类工作会形成具有很强的遗传性的工作技巧，它的下一代继承这种经过训练形成的工作能力之后，能够表现出与祖先相同的悟性和能力，这也就是我们说某个犬种的工作服从性较高的根本原因。如各类牧羊犬、猎犬等，这类犬只似乎天生就会工作，从事牧羊、狩猎方面的工作大多都不用特殊训练，是因为人类长期的训练使得这种工作能力慢慢成了这个犬种骨子里的本领，我们称之为天赋智能，也就是犬类的智商标准。

　　那为何松狮犬的工作服从性会那么低呢？这就要从松狮犬的历史说起。最早的松狮犬曾作为少数民族的猎犬和工作犬而纵横中原大地，在唐朝达到鼎盛，成为倍受关注和推崇的犬只。唐朝衰落之后，松狮犬也迎来了悲惨的命运，被人类大肆地杀戮和虐待，成为人们满足口腹之欲的食品。长期的黑暗生活和悲惨待遇让松狮犬变得冷漠、执拗，并且对人丧失了信任。这种性格特点在这种动物的血液里代代相传，形成了现在性格独立而又骄傲、服从性差的松狮犬。因此，松狮本身的能力并不弱于那些智商排名靠前的犬种，只是它的性格特点使它在这个排名中落了下风。

　　现如今，松狮犬作为一种倍受欢迎的犬种已经流行了近百年的时间，随着生存环境的改善，以及越来越多的爱宠者对于松狮犬的宠爱，曾经拒人于千里之外的松狮犬已重新融入到人们的生活中。我们相信松狮犬会重新建立起对人类的信任，到那个时候，我们自然会看到曾经在历史上叱咤风云的松狮犬再现雄风的。

如何挑选幼犬

往往大家第一次购买幼犬的经历都是以失败告终。掌握挑选幼犬的基本常识是每一位负责任的饲主必须具备的条件。幼犬一旦进家你的生活也会随着它的到来而改变。这时，你必须对它的一生负责，当你发现它并不是纯种的松狮犬或幼犬身上携带疾病时，你是继续照顾它，还是不负责任遗弃它呢？为了避免悲剧的发生，我们必须从源头上避免这一问题的发生。

购买松狮犬的场所

买任何东西之前，我们都会打听哪里卖的这种商品质量是同类商品中最好的。同理，在买松狮犬之前，我们也得挑挑购买松狮犬的场所。选购松狮犬有这样几种渠道：

专业犬舍

一般专业的犬舍只繁殖1~2个品种的犬只，他们注重犬只的血统，依据科学的方法进行繁殖。长期从事繁殖的专业犬舍，他们希望通过繁殖使下一代的犬只更接近标准犬。犬舍里的工作者繁殖纯种犬，不仅仅是为了卖犬赚钱，很多人有着更大的理想，他们是为了保持这种犬的标准。只有不断地繁殖最符合标准的犬，才能更利于犬种未来的发展。当然，也有很多犬舍的主理人，热衷于参加犬赛拿冠军，得到更多人的认可。但是无论他们繁殖纯种犬的目的是什么，在专业犬舍购买犬只无疑是最有保障的。本书的作者，就是出于对松狮犬的热爱和重新树立中国松狮犬在世界上的品牌，始终致力于纯种松狮犬的繁育。目前她主理的犬舍所繁育的纯粹中国血统的松狮犬"金刚"，已经漂洋过海，在美国参加犬展，获得了全美单犬种和全犬种积分排名均为第一的优异成绩。

嘟嘟 提示

如何判断专业犬舍的专业程度？答案在赛场上。在各种赛场上总会看到犬舍的影子，他们不断推出新的犬只并获得奖项。这样的犬舍一直为能繁育出更优秀的犬只在努力，在这样的犬舍购买幼犬会有很好的保障。

犬交易市场

目前多数消费者购买犬只还是选择在犬交易市场购买，因为那里的品种繁多，价格相对便宜，购买完犬只后还可以直接购买相关宠物用品。我们不否认市场上有很多纯种的优质犬，但不可避免地也会有一些不良商贩参与其中。你是否有足够的知识和能力挑选出真正纯血统的松狮犬呢？

在决定购买一只宠物犬之前，购买者首先要为自己列出购买松狮犬的充分理由，不要光因为外表的可爱而忽略了很多细节问题。比如你的家人是否喜欢这个品种的犬只，家里是否有足够的空间提供给它，家中是否有人会对宠物的毛发敏感。平时是否有足够的时间陪伴它，幼小的松狮犬十分惹人喜爱，你是否询问过饲养成犬松狮犬的朋友他们的感受以及在生活中实际遇到的烦恼等等。当你确定了这些问题后，肯定地告诉自己可以接收再决定购买也不迟。不能因为一时冲动而选择购买幼犬。

 唠唠 提示

在犬只交易市场购买幼犬要注意以下几点：

1．购买幼犬最好与专业人士同行。

2．对犬只要有基本的挑选常识，如健康、标准等。

3．要求销售犬只者提供幼犬的育苗注射证明。

4．要求销售者对幼犬进行健康保证。保证幼犬到家后的一周如果出现健康问题，应由销售者进行解决。

繁殖犬的家庭

　　这是一个特殊的场所，其犬只质量的好坏不可一概而论，这种家庭的出现，多半是因为主人爱犬，自家养犬，后来给犬只配种，繁育出幼犬然后进行销售。这样的繁育过程风险很大，我们很难判断配种犬血统的纯度，也不敢保证幼犬的健康问题。

　　作为消费者，在购买时首先要有充分的心理准备。在这里嘟嘟还要强调的是消费者在购买幼犬时一定要掌握一些基本常识，例如，什么是纯种犬的血统？购买纯种犬的好处是什么？就如同我们见到一个小孩时，他无论从长相或是性格上都会有像爸爸或者像妈妈的地方。纯种犬也同样，想要了解一只幼犬的情况，最好的方法就是通过了解它父母或者上一辈的情况（例如身材、毛发、健康等）是否良好。这样你就可以做到心中有数地购买幼犬，同时也可以大致判断幼犬长大后的基本情况。

　　在前面，嘟嘟为大家介绍了三个可以买到松狮犬幼犬的场所，明眼人一眼就可以看出去哪里买犬只最好最放心。去个信誉好的犬舍买犬只，可以让你心里踏实，省去日后在养犬过程中的很多麻烦。虽然犬舍的犬只价格要比市场上的高很多，不过我们可以算这样一笔账，犬只进入家庭，作为家庭的一员，可能陪伴你10年以上，如此看来，价格贵些也是值得的。毕竟一分价钱一分货嘛。

挑选纯种幼犬的注意事项

　　幼犬在4个月大时，是最佳的购买年龄。因为这时的犬只已经有能力独立面对新环境、新问题了。而且这一时期的犬只也已经接受过免疫注射，省去未来家庭在饲养初期的很多麻烦。

4个月年龄

　　挑选幼犬时，一定要了解幼犬"父母"的背景，最好刨根问底，考察一下它祖父、祖母的背景，还要有血统证明书。如果你希望未来的犬只可以繁育下一代，并且希望繁育出来的下一代也同样接近标准时，那就更需要进一步了解被挑选幼犬父母的情况以及上一代的情况（如健康状况、有无遗传病、是否在国内外的大型犬赛中有不俗的战绩等）。品质不纯正的松狮犬4个月以后的外貌特征就会逐渐显露出其劣根性，头小嘴尖，毛短，体形瘦长，同时性格特征也存有明显缺陷。而品质纯正的松狮犬4个月以后就会逐渐显露出其优势，越长越漂亮，等到了8个月时，松狮犬基本的外貌特征都能显露出来了。

6～8个月年龄

嘟嘟提示

　　购买松狮犬幼犬时，一定要在幼犬4个月左右进行购买，因为这时幼犬的体形、健康状况趋于稳定，在辨别幼犬各方面情况时都较为容易。

如何挑选优秀的松狮幼犬

幼犬的标准

　　挑选优秀的幼犬并不是一项复杂的工作，因为一个9～12周的幼犬基本上就是它成年后的模样。无论你想挑选一只宠物松狮犬还是赛级松狮犬，此时都为最佳时期。如果你是初次购买幼犬又想购买赛级犬，嘟嘟建议最好找专业犬舍购买，说明你的需求，负责任的犬舍会为你挑选出优秀的幼犬，并提供合理的建议。

　　幼犬的体形几乎每天都有变化，但变化的主要原因是松狮犬毛发生长得很快，而不是身体结构发生了什么变化。挑选时，不要放过松狮犬身上任何一个微小的缺陷，因为即使是一个很小的缺陷，在长期看来都有可能是一个灾难。为了避免这一灾难的出现，在挑选松狮犬幼犬时一定要做到专业、细心。

头 部

挑选松狮幼犬时，首先让幼犬在桌上站直，检查它的面部。

牙 齿

检查幼犬的牙齿，牙齿应该是水平、剪状咬合，上齿在下齿前方紧密地配合（覆盖），不得有空隙。

嘴

很少看到幼犬有歪曲的嘴，也就是说，松狮犬的颚部不能出现角度。请仔细检查幼犬有无这种缺陷，嘴形有缺陷的都应淘汰，幼犬嘴形不好的很少会越长越好，多半是越长越坏。

舌 头

松狮犬的舌头要为蓝色。舌头为红色或粉红色，或有红色斑点，都为失格表现。

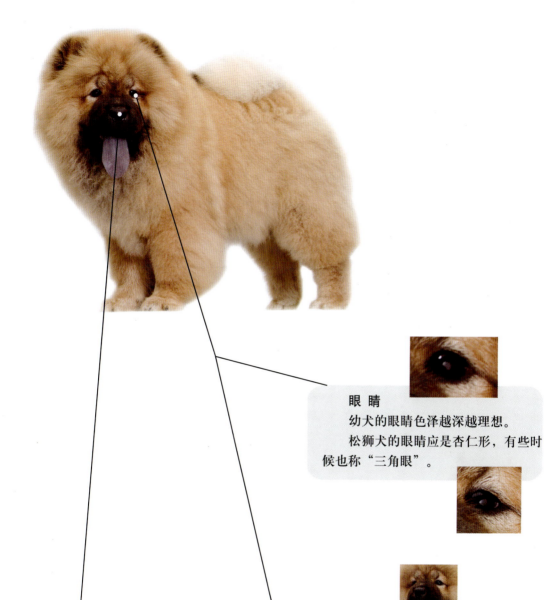

眼 睛

幼犬的眼睛色泽越深越理想。

松狮犬的眼睛应是杏仁形，有些时候也称"三角眼"。

圆形的眼睛是不可取的。有人认为松狮犬的眼睛要越深越好，这样的说法是不准确的。眼睛的形状和颜色只是一部分，还有其它的一些因素。比如说，视线就非常重要，它的视线应该沿着口鼻的顶部线。

鼻 子

松狮犬的鼻子应当是宽的，鼻孔应是黑色的。鼻子较大而宽，鼻孔张开。

耳朵的外形也很重要，淘汰薄的、耳根高的、紧在一起的耳朵。耳朵要小，呈三角形，直立并微向前倾，耳距较宽，不可选那种耳大向下垂的。

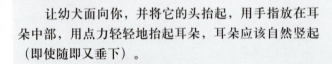

耳 朵

检查耳朵，在幼犬时期这一点是非常重要的，但也比较难确定。比较理想的耳朵，大多是十周时才竖起来的。

让幼犬面向你，并将它的头抬起，用手指放在耳朵中部，用点力轻轻地抬起耳朵，耳朵应该自然竖起（即使随即又垂下）。

很多很好的松狮犬就是因为过大的耳朵或是耳根过高而降格。松狮犬的耳朵有一个显著的特征，理想的位置是耳朵的内侧和眼睛外侧恰好成一直线，这也显示了松狮犬宽口鼻的重要性。

耳朵的美丽，还需要丰厚的毛发作支撑，如果松狮犬的耳部缺乏丰厚的毛发，会让耳朵显得不完美。

表　情

　　四个月的松狮幼犬脸部特征已经明显，松狮犬在口鼻部和眼部周围的折皱和毛发使松狮犬从小就"愁眉苦脸"。如果没有这些，一只松狮犬会被称作"扁脸"。此外，在双眼间隔的中间部位，会有向上毛发形成的折皱，这些"表情"对一只松狮幼犬来说同样重要。

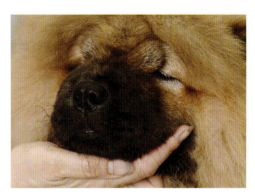

色素沉淀

　　检查色素沉淀，淘汰所有舌头上有斑点的松狮幼犬，即使在幼犬时期，也不应有舌头、鼻头的褪色现象。色素的缺乏是进化上的倒退，即使在成长后期有可能改善，也不能选择这样的幼犬。

头盖骨

　　选择幼犬时还应看头盖骨。头骨应是平坦的，在与口鼻部交际处有轻微的转折。也就是说，当你抚摸松狮幼犬的头骨时，它应该尽可能的平坦。为了更好地理解，拿一根直尺，放在耳后面和眼部的折皱以下，沿着口鼻部，口鼻几乎成一直线，在直尺下只有很小的空隙。在双眼和双耳间横竖两个方向都是非常平坦的。如果是圆的头骨，有时候在眼睛上部形成一个肿块，会向口鼻部发展，在成年时使前脸变长。

嘟嘟提示

　　人们有一种错误的观念，认为松狮犬的"圆脑袋"十分可爱。其实，"圆脑袋"是一个非常严重的缺陷，因为在松狮犬头骨的顶部根本不该有任何曲线，更何况是个圆弧。有些人远远地看到松狮犬长了一个圆圆的脑袋，这是因为松狮犬毛发长的缘故，才使得头部显得比标准描述的有更明显的突起，但近距离仔细观察，就会发现松狮犬的头部是没有此突起的。

检查完了松狮犬的头部，还要进一步看幼犬的身体。一个身材紧凑的幼犬，无论从哪个方位看都一样有气势。

颈 部

松狮犬的颈部应强壮而丰满，即使是幼犬也应当如此，松狮犬的颈部的周长只比头骨略小，也许是丰厚的被毛覆盖的缘故，松狮犬的颈部显得有些短，与犬的身体一起组成一个和谐的整体。那些喜欢拥有长颈部犬的人，往往都没有意识到长的颈部常常意味着较长的背部。颈部与身体的连接非常重要，它的长短直接决定着松狮犬的整体平衡性。要淘汰那些看起来像是"插上去"的颈部，颈部应呈略微的弓形，这样可以使松狮犬在运动中保持幽雅的姿态。

肩 部

松狮犬颈部的末端应很好地延伸至肩部。当你伸手触摸松狮犬的肩部时，感觉应是结实的，并且在两肩交合处几乎没有"结合点"的感觉。

仔细观察肩部，因为肩部决定胸部的宽度。肩膀要很好地倾斜，如果不是这样，会导致肩部呈竖立状态。触摸肩胛的顶部，轻轻地放低颈部使肩胛突出，在这个年龄段，肩胛间应有两厘米左右的间隔，这样在成年时会有五厘米左右的间隔。如果间隔不足，前部就会显得狭窄。如果肩胛没有间隔，可以肯定将来前腿会成"罗圈"形。

肋　骨

　　松狮犬的肋骨应是卵形而不是桶形，并且要很流畅地向后伸展，最后形成细细的腰部。

腿部骨骼

　　幼犬腿部骨骼应该是圆而粗壮的，骨量好的幼犬在幼年期会有"有节的膝盖"，那是成年后骨量好的重要标志。淘汰很直且细的腿骨，虽然在这个时期看起来相当不错，但成年后多半不会很好。

前　肢

　　仔细检查松狮幼犬的前肢有无伸展开的趋势。如果脚部呈角度伸出，多半是胸部较窄或是跛足的标志。即使在最幼年的时期，松狮犬的足部也应是圆而紧凑的。

腰　部

　　松狮犬的腰部是指肋骨末端和盆骨的前端之间的一个区域，这个区域的特征是短而深。

后　肢

　　后肢应该像前肢一样直，从尾根部垂直到地面，后肢的腿间距应与前肢的腿间距等长。

尾　巴

　　尾根很重要，尾根跟后足的前部应成一线，尾根过低是不可取的，因其破坏了犬只的平衡。不仅尾根位置要高，尾巴还应当向上裹贴到背部，尾部有长而蓬松的饰毛，使得外观美观而大方。

被　毛

　　四个月大的幼犬全身被毛要丰厚，密直而长，色泽亮丽，毛质蓬松柔软，头颈部位的被毛蓬松得如同狮子。毛色必须为单色，可以是红、黑、奶油色、蓝、肉桂色，但不能有魔纹和其它杂色。

 松狮犬

如何挑选健康的松狮幼犬

挑选一只健康、活泼的小狗回家，是松狮犬爱好者最大的愿望，因此，学会怎样判断幼犬的健康问题尤其重要。

挑选步骤

幼犬的眼睛要小而清澈、有神、灵活、不倒睫、无分泌物、无泪。在这一点上主要观察睫毛的生长情况，不要有倒睫毛生长和眼睑外翻的情况。

观察幼犬的皮肤、毛发，用手拨开毛发，皮肤应无外伤，没有红色斑点或斑块出现，确定犬只无皮肤病、仔细闻皮肤表面有无异味，且毛发无打结。毛发应直立无大面积趴伏，淡淡的腥味属正常。

幼犬的耳朵要干净，可以用纸巾简单擦拭耳朵内部使其无异物、无臭味。换位击掌试音时，头部要转动灵活。

挑选幼犬公犬时要能用手摸到两个睾丸，母犬的外阴不应出现畸形。这一点是很多饲主在挑选幼犬时容易忽略的一个问题。

观察幼犬足、爪，足部要粗壮有力，看起来就很结识。爪垫要为黑色，无花斑且细腻无裂纹。

检查幼犬牙齿的发育状况。将幼犬的嘴打开，观察舌头，正反均为黑色，无花斑出现。牙龈为粉红色最好，口腔内无异味。

挑选幼犬时可直接用手背轻轻触摸幼犬的鼻子，鼻头微湿、微凉代表犬只比较健康。幼犬的鼻头也应为黑色无花斑、无分泌物。

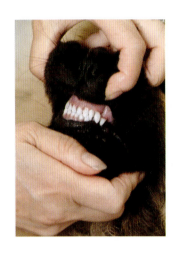

同时观察幼犬的牙齿咬合情况，幼犬的牙齿应排列整齐，呈剪状咬合，上排牙齿应紧紧扣在下排牙齿外。

幼犬的肛门颜色应为黑色，无花斑出现，肛门周围应很干净，无粪便粘黏。

观察幼犬的尾根部应比较高。尾巴向上翻，贴在背部。尾尖要直，尖部无弯。

最后一点也是在购买幼犬时容易忽视的，观察尿、便，这需要多花一些时间观察。幼犬小便后用尿用纸巾吸附后应为淡黄色，大便要成形，最好油亮一些，代表犬只的健康状况良好。

通过幼犬的行为观察它的健康

　　幼犬要活泼、好动，精力旺盛。尽管松狮犬的性格高傲、孤僻，但在幼年时它都应当是活泼、好动的。挑选幼犬的时候可以与销售者沟通，索要一些它喜欢吃的零食或是玩具，引诱幼犬，观察它的运动状况、腿部力量、灵活性与亲和力。一位国外的专业繁殖者介绍，在一群幼犬中不要选择那只最活泼的，也不要挑选那只最内敛的，而是在剩下的犬只中挑选你最喜爱的那只。

 嘟嘟 提示

　　选好了幼犬之后，成交时应向卖主索取血统证书、预防注射证书、双方签字的转让证书及7～14天健康安全保证书等。

日常饲养方法

Daily Breeding of Chowchow

松狮犬

一个优秀的主人应该对自己的爱犬有充分的了解，细心的呵护，正确的训练和引导。当它年幼时，耐心陪伴它成长；当它老去后，接受它逐渐衰老的身体和不再可爱的容貌；当它生病时，用正确的方法和态度配合医生的治疗；当它惹祸时，要合理地对它进行教育。嘟嘟会在下面这一章里告诉您，如何做一名负责任的养宠人。

大多数饲主在购买犬只时，往往是"一时冲动"便将幼犬抱回了家——这并不是一种正确的养宠态度。作为一名负责任的饲主，不仅要懂得怎样喂养它，照顾好它的日常起居，给它健康的饮食，而且还要善始善终，不离不弃——松狮犬的平均寿命为13岁，这就意味着从它被抱进家门的那一刻起，它就将和主人长期生活在一起。这就要求养宠朋友们不仅要学习各个年龄段松狮犬的喂养知识，还要学习松狮犬常见疾病的治疗和预防。还有的主人希望自己的爱犬不但身体健康，而且还要有良好的修养，那么主人除了要了解松狮犬的生活习性外，还要知道松狮犬的驯养知识。在本章里，嘟嘟将介绍关于松狮犬的日常护理方法，希望以此帮助各位养宠人养成正确的养宠习惯，享受和松狮犬一起生活的快乐时光。

饲养松狮犬前的准备

　　饲养任何犬种都不能仅凭三分钟的热度做决定。因为要照顾一只宠物犬，主人需要付出的心血和照顾一个孩子比不相上下。而一项针对于大多数养宠者的调查表明，绝大多数人在购买犬只前都没有什么准备，只是凭着兴趣、喜好进行购买，结果购买后主人往往面对出现的一系列问题手足无措，养宠不但没有成为一件乐事，反而变得让人头疼。需要指出的是主人的草率领养和失去耐心后的遗弃是造成流浪宠物泛滥的最主要原因。因此，在决定饲养松狮犬之前，您必须有足够的思想准备。

嘟嘟建议您在决定养犬前了解以下信息

　　1. 咨询一些有饲养松狮犬经验的朋友，了解喂养一只松狮犬需要在时间、精力、资金上有多大的投入，以此来确定自己是否有能力、有精力承担。松狮犬小的时候固然可爱，很多人都能因为喜欢而愿意照顾它们，陪它们玩耍，可是终有一天，松狮犬老了，不仅会失去小时候的可爱模样，而且还会重病缠身，甚至丧失行动能力，吃喝拉撒都需要你的照顾。作为主人，需要有面对这一天的信心和勇气。

　　2. 在了解松狮犬的基本喂养常识之前，最重要的是学会如何挑选一只健康的纯种犬，知道在什么地点选购幼犬才最有保证。针对这方面的注意事项，嘟嘟在上一章节"如何挑选幼犬"中有详细的介绍。

　　3. 了解松狮犬的日常饲养方法，包括每一阶段的松狮犬的特性以及饲养须知。其中对于松狮犬的一些常见疾病要有初步的了解，这样才能在未来的饲养过程中更加得心应手，避免因为这方面知识的匮乏造成事故。

　　4. 选择一个值得信任的宠物医生，这是养宠者必要的准备工作。您可以从自己养宠物的朋友或者邻居那里获得这方面的资讯，这样在遇到无法解决的问题时您能够在第一时间找到一个可以给您提供专业帮助的人。

　　5. 松狮犬是一种中大型的犬种，地盘意识很强，这就要求主人必须能够提供足够的居住空间与娱乐空间给它们，在养犬前，请确认在这一点上您是否有充分的准备。

　　无论是选择购买松狮犬或其他任何品种的犬只，都需要主人对这一犬种有足够的认知程度与心理准备，这样才能为您和它的未来生活做好充分的准备。

幼犬的日常护理

幼犬的饲养方法

松狮幼犬从出生到断奶，需要45天左右。在这段时期里，要特别注意幼犬生长环境的卫生、温度，要经常察看母犬是否有压伤幼犬或者不授乳的情况，确保幼犬吃到充足的母乳，刚出生的幼犬体内不能产生抗体，母乳是给幼犬提供全方位营养的主要来源。

幼犬出生后10天左右开始睁眼睛，此时要避免强光刺激，以免损伤幼犬眼睛。幼犬出生20天以后，可以站立行走，体重接近出生时的2倍。大约在25天左右幼犬的眼睛可以看见外界的事物，耳朵也开始对声音有了反应。满月后的幼犬充满活力，好奇心十足，开始尝试各种新鲜事物，感知世界。满月后，因为母犬的乳汁已无法满足幼犬的食量，饲主可以开始尝试喂食狗粮。因为幼犬的肠胃刚刚从消化流食转化到消化软质食物，很容易引起消化不良，所以给满月幼犬喂食时应采用少量多餐制，每天可以喂食3～5次，将狗粮用温水泡软后给它食用（用温水浸泡约20分钟后食用为佳）。

在母乳喂养期内，饲主须精心照顾每一只幼犬。首先饲主要从体形上判断哪只幼犬应该属于特殊对待型，以辅助它更好地吮吸奶水。如果出现母犬乳汁不足或一胎幼犬的数量过多时，就须采取人工喂养的方法。饲主一定要选择宠物专用奶粉进行人工喂养，而不能用人用奶粉。食用人用奶粉会直接造成幼犬营养不良，因为人类奶粉或鲜奶主要是低蛋白质、低脂肪、高乳糖，而幼犬分泌消化乳糖所需酵素极少，所以宠物专用奶粉主要成分是高蛋白质、高脂肪、低乳糖。

在幼犬满月前要尽量避免母犬和幼犬被打扰，最好不要让陌生人进入产房，防止母犬受惊。在这个时期母犬为保护幼犬会非常敏感，如遇惊吓会直接影响乳汁分泌，而且还会引发不可遏止的进攻行为。

松狮犬的幼年护理非常关键，在这个阶段的饲养方法包含了很多的细节技巧。满月的幼犬可以喂食温水浸泡过20分钟左右的狗粮。幼犬出生后2个月左右就可以慢慢缩短狗粮浸泡的时间，一般在10分钟左右就可以，但由于这个阶段的幼犬食欲非常旺盛，还应保持每天至少4餐的数量，这样既可以满足它们的食欲，又让它们的消化系统得到规律的运动。随着幼犬逐渐长大，饲主要注意调整每天喂食的次数，当幼犬3个月左右时每天喂食的次数可以减少到一日

三餐，4个月以后可以减少为一日两餐，幼犬在5～6个月的时候食欲会进入低潮期，这个时期不仅可以一日一餐，同时可以减少每次喂食的数量。6个月后每日一餐是可以满足犬只需求的。目前很多饲主考虑每日一餐会使犬只挨饿，嘟嘟建议也可一日二餐，但每次喂食的数量需要减少，因为喂食犬粮的数量与犬只的运动量是直接挂钩的。如果一只犬每天没有充足的运动量，而且饮食也没有得到控制，这会直接导致发胖。

嘟嘟提示

　　有些主人对爱犬疼爱有加，常常在自己吃饭的时候顺便给爱犬吃点零食，这样时间长了，爱犬就会对自己的犬粮失去兴趣，导致营养吸收失去平衡。所以建议主人只要喂它专门的食物就可以，不需要太多的零食。

幼犬的疫苗和驱虫

疫苗的作用在于预防各种病毒所引起的犬类传染病。通常用于幼犬防疫的疫苗有狂犬疫苗和六联疫苗，即犬瘟疫苗、犬细小疫苗、传染性肝炎疫苗、腺病毒Ⅱ型病毒疫苗、副流感疫苗和钩端螺旋体疫苗。整个防疫过程共4针，幼犬出生后45~50天，注射第一针六联疫苗，之后每隔3~4周注射下一针，一共注射3次，当幼犬到3月龄时注射最后一针狂犬疫苗。驱虫的作用主要是驱除体内寄生虫，防止寄生虫所引起的疾病，同时防止寄生虫传染人体。幼犬驱虫的时间一般在2个月左右就可以开始了，每隔3个月可以驱虫一次，这样可以保持犬只更健康。饲主应为犬只建立一份犬只档案，详细记录犬只驱虫、打疫苗的时间，以免忘记错过注射时间。

幼犬换牙的烦恼

每个人都有过换牙的烦恼，牙齿在口中左右摇摆无法进食，可是在松狮幼犬换牙的时候却在努力咬东西，我们经常会发现这个时期的幼犬在咬电线、咬鞋子，咬各种各样的它们认为坚硬的东西，因为幼犬常用咬东西的方式减缓换牙的不舒适感。松狮犬换牙期从3~4月龄开始，6~7月龄换完变成永久齿。

这个时期让松狮幼犬少吃糖分多的食物，提供充足的饮用水，适当补充各种微量元素。

也可以给松狮幼犬买咬胶、玩具或者洁牙棒之类的宠物用品，既可以帮助磨牙，又可以洁净牙齿。主人在这个时期也要对松狮幼犬多加关注，由于它们在乱咬东西时有可能出现触电、烫伤、误食消毒剂等意外情况，所以换牙期也是幼犬容易发生意外的时期。

这个阶段喂食犬粮，不要在犬粮中加水、奶或将其泡软，可以直接喂食犬粮，犬粮也可以帮助松狮幼犬磨牙，为换牙起到帮助。很多饲主在这个阶段发现松狮幼犬不爱吃犬粮或者发现犬咀嚼犬粮很费劲，就喂食犬罐头或将犬粮泡软，这是错误的喂食方法。

从小培养它们的性情

松狮犬在幼犬时非常可爱，让人一看就想抱在怀里。如果在幼犬时期过于溺爱，等它长大就有可能性情恶劣，服从性差。碰到这种情况，问题往往出在主人不良的训养习惯上，而成为牺牲品的松狮犬悲惨度日，真的非常可怜。幼犬在6个月时是最佳训练期，主人要掌握基础的训练方法以及要领，循序渐进地训练松狮犬的行为礼仪（接下来的日常训练方法中将会详细介绍如何培养松狮犬的性情）。

成犬的饲养方法

松狮犬成年后，喂食一定要适时适量，每天一次即可，过量喂食会导致松狮犬发胖，失去活泼可爱的形象，并且严重影响健康。保证正常的饮水，饮用水一定要清洁。喂食的时间最好固定，如果每日一餐的话，建议安排在晚上，因为它们喜欢在进食后静卧、休息，此时有利于犬只消化食物。

松狮犬的被毛较长而蓬松，应每天为它梳理一次，清除沾染的污垢和灰尘，尤其在每年的脱毛季节，更要保证梳理得彻底。排梳是最适合松狮犬被毛的梳理工具。梳理后可用软而干毛巾为它擦拭，使其清洁亮丽。每隔5～7天要为松狮犬清除一次耳垢和眼屎，并用温水为其洗眼，防止眼睛发炎。每隔一周修剪一次趾甲。每隔10～15天要为其洗澡，保持身体清洁。由于松狮犬体型较大，毛量较多，嘟嘟建议尽量避免在家中洗澡，选择专业的宠物美容店为其清洁毛发。因为宠物美容店有专业的吹风工具可以将皮肤与毛发彻底吹干，以免由于毛发未吹干而引发皮肤病。

松狮犬在AKC标准中被划分为非运动犬组，说明松狮犬并不需要像哈士奇或者金毛那样需要大量的运动时间。松狮犬不需要快跑来满足它的运动量，饲主只需每天带它出去散步1～2次，使它有一定的活动量，以促进血液循环。在平时的饲养中要注意犬只的精神状态是否正常，食欲有没有减退，鼻镜是干燥还是湿润（鼻尖微凉且湿润属于健康状态），体温是否正常（成犬的体温一般为38℃左右），大便应成型并且有光泽不应为稀便，如发现不正常或患病迹象，应立即就医。

成犬的饲养环境

在家庭饲养松狮犬时需要注意环境的清洁、卫生，每隔半个月应对犬只居住的空间，使用的器皿进行消毒。每天应对室内进行通风，冬季犬只居住房间内的温度不应过高，以免松狮犬外出时，由于室内外温差太大导致犬只感冒。夏季也如此，不应将室内的温度设置过低，很多饲主认为夏季松狮犬应在有空调的房间内生活，这也是很多松狮犬在夏季容易中暑的原因之一。由于夏季室内室外温差过大导致的犬中暑现象是很常见的。嘟嘟建议在夏季可将松狮犬居住的空间进行通风，使用电风扇降温，如果是家庭饲养的犬只在不影响美观的情况下可以为它适当地修剪一些毛发。尽量选择在清晨或傍晚带松狮犬外出散步而不是选择正午或者下午。

成犬的健康

因为松狮犬不能用语言与我们交流，所以松狮犬成犬的健康维护需要饲主在平时的饲养中多加观察，养成早发现早治疗的习惯，这可以避免很多疾病的延误，以免错过最佳治疗时间。定期为松狮犬做体检、定期注射疫苗、定期驱虫是维护健康的基本方法。每年定期为松狮犬注射疫苗一次，与上一次注射疫苗的时间间隔为11个月。3～4个月为松狮犬驱虫一次。每次注射疫苗、驱虫的时间饲主须详细记录，以免忘记时间。

适当的运动是维持犬只心理和身体健康中的一个重要环节。松狮犬成犬的运动量每天应在1～2个小时，如果不能满足它的运动量就要在饮食上下功夫了。在我们接触的一些饲主里只有一小部分可以确保他的犬只体重是标准的，没有意识到松狮犬超重的饲主占绝大多数。松狮犬的体重过重的话会引发很多疾病，损害它们的健康。

为了能够充分掌握松狮犬的身体发育状况，饲主可以为自己的爱犬建立成长档案。档案以犬只第一天来到家庭的日期作为起点，包括松狮犬的出生日期、性别、皮毛颜色等基本信息，饲主按周或者按月记录松狮犬的成长变化，详细记录其身高、体重。同时，饲主应准时记录犬只每次驱虫、免疫的时间，以及每次患病治疗的详细情况。这有利于饲主准确掌握犬只的身体信息，及时发现一些疾病的早期征兆，避免出现肥胖问题。

正确掌握松狮犬的喂食量、运动量。犬只要吃东西的时候不要对它百依百顺。

繁育期内松狮犬的饲养方法

松狮犬的繁育是一个很复杂的过程，也是一个需要饲主细心照顾的过程。无论是松狮犬的配种还是怀孕，都需要饲主格外的关照和注意。尤其是母犬怀孕期间，对于母犬的运动量和食物摄入量都是要注意的。

松狮犬的配种

松狮犬配种的最佳时间是母犬发情后11～15天，配种方法分为自然交配和人工辅助两种。在多数的情况下，都采用公、母犬自行交配。有时犬的气味、身材、环境等因素影响会使其产生厌烦情绪，往往会抑制交配兴奋。这时要认真分析原因，或改换地点、环境，或更换公犬。在公犬缺乏交配经验，或公母犬个体相差较大而不能自然交配时，可进行人工辅助。对于那些初次受孕拒绝比较强烈的母犬，采用自然及人工辅助交配的方式常难以成功，这就应采用强制交配的方法。此时应给母犬带上口套，以防止其咬伤人或公犬。把持母犬时，不可妨碍公犬爬跨母犬时对母犬腰部的搂抱，以免影响公犬的交配动作。在实施强制交配时，必须选择性欲高或有交配经验的公犬，否则公犬不敢爬跨。

犬只的交配宜选在早晨喂食前。交配前，公母犬应在室外自由活动一段时间，使其排净粪尿，不然在交配后排泄时（尤其母犬）必然会流出许多精液。

当公犬阴茎插入母犬阴道几秒钟后就开始射精，随后公犬阴茎海棉体充分膨胀呈栓塞状，这时母犬会扭动身体，试图将公犬从背上摔下，此时应防止母犬坐下或倒下，以免损伤公犬的阴茎。不久，公犬会自动从母犬背上下来，取尾对尾姿势。这种栓塞状态约持续15～20分钟，此时不可强行分开，应等待公犬自行解脱，否则会严重损伤生殖器官。交配结束后，公犬的阴茎会从母犬阴道内脱出。

当公母犬松脱后，会各自舔舐阴部，不可马上牵拉、驱赶，尤其是公犬，在交配后常出现腰部凹陷，切不可让其剧烈运动，也不能立即给犬饮水，应休息片刻，轻微活动一会儿后再给饮水。如果母犬在交配后阴门明显外翻，说明已经交配成功，应将母犬放回犬舍，让其安静休息，并做好配种记录。

嘟嘟 提示

配种前要对公犬、母犬的健康情况进行检查。确保生下来的幼犬是健康的。避免留下遗传病症。

怀孕期母犬的饲养方法

母犬怀孕初期，对食物的需求量会有明显的增加，随着胎儿的长大，膨隆的腹部会压迫胃，使母犬每次的进食量有所减少，甚至出现食欲不佳，这些都是正常现象。为了保证母犬及胎儿能摄入充足的营养，可以增加每天的喂食次数。最好选择孕犬专用的犬粮。为了增加孕犬的食欲，您还可以为它准备一些湿粮(如罐头、妙鲜包等)来调剂口味。如果母犬的营养状况不佳或孕育的胎儿较多，可以在兽医的指导下为爱犬补充所需的维生素及微量元素。

怀孕前期一般指母犬受孕后1~3周，刚刚受孕（大约1~2周内）的母犬要避免剧烈运动，否则有可能造成流产。这个阶段保证母犬平时的喂养水平就可以，不要加太多的肉、蛋，要控制营养的摄入和食量，因为胎儿此时个子很小，如果喂太多的食物，营养都会被母犬吸收，会让母犬的体重快速增加，加之母犬怀孕期间运动量很少，在生产时很容易发生难产。

怀孕后期指母犬受孕后4~8周。这时母犬的营养需要比前期要高25%~50%，所以这一时期要适当增加营养了，在增加肉、蛋、酸奶等高蛋白质食物的同时也要注意矿物质元素和维生素的补充，尤其不要忘记维持母犬适当的运动量。

哺乳期内不仅营养需要量大约为宠物正常时的3~4倍，而且饲喂次数也应该增多，哺乳期的能量需要是正常时的3~4倍，所以一定要注意营养的摄入。到母犬怀孕后期矿物质的补充较足，可以将矿物质和维生素的补充降到一般水平。

母犬的分娩

松狮母犬分娩是一个很痛苦的过程，需要经历艰难的煎熬。分娩形式一般分为：自然分娩和人工分娩（剖宫产）。自然分娩时母犬成侧卧的姿势，此时子宫肌阵缩加强，出现努责（腹壁肌和膈肌的收缩），并伴随着阵痛。在分娩过程中，有时往往前面生产的胎儿胎衣还未排出来，后面的胎儿已经娩出，有的甚至要在所有的胎儿都娩出后，再排出胎衣。如果胎衣没有立即排出，脐带仍在产道内，母犬可能会咬住脐带而拉出胎膜。多数母犬都会吃掉胎衣。

如果母犬在产出几只胎儿之后变得安静，不断舔仔犬的被毛，2~3小时后不再见有宫缩的现象出现，表明分娩已结束，也有少数间隔48小时后再度分娩的，但此时分娩的极大多数都是死胎。母犬在产后的一周内阴道还会排出褐绿色的恶露，产后2周，其子宫基本复原。如果继续排出恶露，就要及时送宠物医院进行治疗。

如果采取人工分娩的方式，就必须在母犬产前做好充分的应急准备，以便在出现意外情况的时候能够从容面对突如其来的情况（比如难产）。饲主需要在产前帮助母犬剃掉身上的被毛，因为母犬在产前会不时地分泌一些黏液，剃掉被毛有助于清洁身体，让身体保持干净清爽，这样在产后让幼犬吃奶的时候也会比较方便。

在母犬生产的时候，如果出现难产情况，应该及时找专业兽医或者去宠物医院进行就诊。并且在进行手术后按照兽医的建议，细心照顾母犬的伤口，还要记得每次给母犬伤口处滴上碘酒，让伤口尽快愈合，确保母犬的健康。

繁育过程中母犬血统的重要性

嘟嘟在和行业专家的交流过程中得知，母犬的血统对后代的影响极大。因此，不但购买幼犬的时候需要关注其母系的血统，而且一旦您准备利用自己的松狮犬进行繁育，那么母犬本身的素质以及其家族血统都需要经过严密的考察。这不仅是对于某个犬只负责任的表现，并且也是保证某个犬种的整体素质的关键。

所谓对犬只进行繁育，其实就是利用生物繁衍的遗传变异规律，对犬只的身体素质和外貌特征进行完美化创造的过程。人们通过一代又一代的繁育不断地强化某个血统的犬种所保持的某种优点，培养出外形标准、性格稳定、身体健康的品种，然而不可忽视的是，有一些天生的缺陷也存在于犬只的基因序列中，例如，有些犬只的后代在打雷的时候会惊恐万分，有些犬只有严重的晕车症状，还有些犬只存在骨骼发育不良的情况——这些行为特征和生理特点会一代代地遗传下去。如果不想某个犬种的劣质特征在其后代身上持续展示出来，那在开始繁育的时候就要避免加入这一因素。

在预测繁育能力上，冠军的头衔并不能说明什么，只有血统会告诉我们哪只犬是优秀的繁育犬，而哪只犬在繁育上有问题并且这些问题至今还困扰着繁育者。虽然有些隐性特征不会明显地出现在后代的身上，而且存在遗传缺陷的犬的后代中也可能出现优秀的个体，但这并不意味着繁育者可以对一些东西视而不见。药物控制也许可以缓解某个犬只的遗传病症状，不过还没有一种药物可以彻底解决基因缺陷，因此在挑选繁育犬的时候，一定要避免母犬的族谱中曾经有亲属依靠药物或者其它东西来维持其身体状况和繁育能力。理想的母犬应该有稳固的、通情达理的性格，优秀的身体素质，以及"清白"的家族病史，而且有着很强的服从性，这些特质可以保证其后代受到人们的推崇而不会因为性格缺陷被抛弃。

得到一条拥有优秀血统而且自身也具备冠军素质的母犬是极其困难的，但是拥有一只优秀的母犬可以让繁育者在几年之内免除失望情绪的侵扰，而且会节省大量的时间。母犬也许是一个家族中无足轻重的，但是一旦它被用于繁育，它的血统在后代的遗传中就会占据主导地位，这条母犬的质量会影响其后代的质量。

老龄犬的饲养方法

　　随着年龄的增长，松狮犬的生理机能会逐渐降低。人们应该知道，犬只老化的速度是人类的7～10倍。一般而言，松狮犬在大约7岁时就已进入老年期，在这个时候它更需要你的呵护与关爱。那么，如何让你的老松狮犬感受到你的爱呢？

运动的改变

　　进入老龄阶段的松狮犬绝对不会再像年轻时那样可以每天跟你一起嬉戏，它也许认为自己可以应付剧烈运动，但它的身体是没有办法承受的，这就需要主人理性地去了解并正确做出判断。每天可以与犬只进行一个小时的散步运动，平时可以购买一些有意思又可以帮助运动的玩具给它玩，保持它适当的运动量。适当的新鲜刺激也是增强它免疫力的一种合理方法。

饮食的改变

　　爱犬在逐渐衰老的过程中，它的饮食也要逐渐进行调整。一只老年犬的卡路里摄入量比它年轻时至少低20%，同时它需要的维生素、矿物质和抗氧化剂相对要多一些。这个时候要定期给松狮犬测量体重，每月一次为佳，体重稳定也是爱犬健康的一个标志。

　　很多松狮犬在衰老后慢慢变胖，这是一个很普遍的现象，这要求主人要更细心地喂食犬粮，出现这种现象的主要问题就是摄入的能量大于它消耗的能量。控制好饮食、对进食做出相应调整才可使松狮犬的寿命延长。

衰老的常见问题

在松狮犬进入衰老期后，要定期为松狮犬进行体检，争取一年体检一次，这样可以做到早发现早治疗。老年犬容易出现的健康问题有以下几种：

◎ 口腔健康

每种犬最终都会发生口腔问题，松狮犬也不例外，年纪大的犬只中经常会发出难闻的气味，主人要养成为爱犬刷牙的习惯，保持口腔清洁。

◎ 心脏健康

老年松狮犬心脏病发病率高，并且属于致命疾病，这要求主人对于犬只是否存在发生这种疾病的潜在危险有所了解。现在的医疗水平没有治愈心脏疾病的可能，所以定期给犬只体检非常重要，治疗越早，就能越早地控制心脏病的发展，它的寿命也就会越长。心脏疾病出现的症状与治疗方法要与医生沟通，以医生的治疗方法为依据。

◎ 视力、听力健康

松狮犬的视力和听力同样也会随着年龄的增加慢慢减弱，犬的视力逐渐会模糊不清（老年犬白内障发病率较高，而且现在无法控制它的发展，也没有好的治疗办法），反应比原先迟钝了很多，听力也开始变差。随着视力、听力的减退，它会越来越没有安全感，休息的时间也会更多。请不要忽视它，主人要用爱来抚慰它，多用手抚摸它，多一些时间陪伴它。

◎ 糖尿病问题

这是中老年犬中的一种常见疾病，如果未能及时治疗会严重威胁生命。如果爱犬突然出现饮食饮水旺盛或排尿无原因性增多的状况，那就有可能已经患上了糖尿病。建议8岁以后的老年犬每半年查一次血糖，提前发现及时治疗。

◎ 老年母犬的生殖系统疾病

未做绝育的母犬随着年龄的增长患生殖系统的疾病的可能性越大，疾病主要为子宫蓄脓（分闭锁性和开放性子宫内膜感染）和乳腺肿瘤。如果是家庭饲养的宠物犬，可以在它年轻的时候为它进行绝育手术，这样可以极大降低生殖系统疾病的发病率。

简单判断松狮犬体质的方法

　　饲主可以根据以下几种辨别松狮犬胖瘦的简单方法，了解松狮犬的基本健康状况，从而对健康正确的饲养起到帮助。

　　1. 极瘦：肋骨、脊椎骨、骨盆明显突出，手触摸不到身体脂肪，且肌肉明显少于正常。

　　2. 非常瘦：很容易看到肋骨、脊椎骨和骨盆，没有可接触到的脂肪，肌肉略低于正常，其它一些骨壮突出。

　　3. 瘦：可轻易触摸到肋骨，如果脂肪过少还可以看到，脊柱顶端可见，骨盆明显，腰腹明显上收。

　　4. 偏瘦：由于覆盖脂肪少，可轻易触摸到肋骨，从背上看腰部界限明显，腹部上收明显。

　　5. 标准：可触摸到肋骨但并无多余脂肪，从背部看可在肋骨后观察到腰部，侧面看腹部上收。

　　6. 偏重：可触摸到肋骨，有少量的脂肪，从背部看可辨别腰部但不明显，腰部有上收。

　　7. 胖：脂肪很多，不易触摸到肋骨，背部和尾基部有明显的脂肪沉积，腰不易区分，腹部上收不明显。

　　8. 肥胖：脂肪覆盖很厚，除非用力挤压，否则摸不到肋骨，背部和尾基部沉积了很多脂肪，看不出腰部，腹部无上收，腹部明显胀大。

　　9. 过度肥胖：大量脂肪沉积于胸部背部和尾基部，看不到腰和腹部上收，颈部和四肢有脂肪沉积，腹围增大非常明显。成年松狮犬的体重最好能控制在34公斤（公）和29公斤（母）。

松狮犬的健康维护

从体温看健康

　　松狮犬的正常体温在37.8℃～39℃之间。一般情况下，犬在上午的体温略低于下午的体温，成年犬的体温比幼犬的体温低0.5℃。体温不是固定不变的，在某种条件下也会产生变化。如奔跑后、乘汽车后、处于陌生环境的紧张状态时，都会导致体温升高，但这是一种正常现象。

从心脏跳动看健康

　　心脏是哺乳动物身体中最重要的器官之一，是血液流动之源，为循环系统提供动力。健康的松狮犬心跳次数每分钟70～120次，强劲有力，有节奏感。当犬只患病，心脏功能异常时，心跳产生变化，犬只的心率主要通过听诊和心电图来检查。由于近年来在松狮犬的繁殖过程中存在许多不规范的操作，导致部分松狮犬出现了先天性心脏病的缺陷，这种心脏病在2～3个月时不明显，年龄越大症状越明显，主要表现就是呼吸困难、喘气、咳嗽。如果4个月时有明显症状，那么它的生命会受到严重威胁，很有可能夭折，所以买松狮犬时一定要注意。如果你的犬只出现了这种问题，那就确定它已不能繁育，否则这种缺陷会一代代遗传下去。

从呼吸看健康

　　松狮犬与其它犬的呼吸一样，一般为每分钟10～30次，犬只熟睡时呼吸深重而均匀。当犬只运动后、天气闷热时犬的呼吸浅而快，这与肺功能及环境变化有关。

　　呼吸系统最容易引起细菌病毒感染，所以在平时要多加注意松狮犬居住环境的通风状况，尤其是在季节交替时尤为重要，夏天要多通风少吹空调。平时如果犬只出现流鼻涕、咳嗽的症状，最好及时去医院治疗，如果发展成为肺炎则非常麻烦。

从粪便、尿液看健康

犬只的正常粪便多呈土黄色并且成形，含一定量水分。有时因为饮食的原因犬只的粪便会出现其它颜色，如食用大量动物内脏，粪便可能呈现发黑的颜色，大量食用骨头后粪便则是较干燥的白色。如果出现稀且黑色粪便或者粪便中混有血液则是不正常的。犬只的尿液一般呈黄色，澄清透明，排尿不困难。

从皮毛、眼睛看健康

松狮犬是长毛犬种，所以皮肤情况不易观察，每天梳理毛发时观察毛发的脱落情况，如出现大面积毛发脱落或是皮肤表面出现红色斑点应及时就诊。松狮犬是眼睑内翻发病率较高的一种犬。如果你的松狮犬总是流泪（上眼药水不能解决问题），同时眼睛不能睁得很大，那么饲主应带犬只去专业的宠物医院检查。

松狮犬的疾病介绍

犬瘟热

犬瘟热是犬瘟热病毒（CDV）引起的一种高度接触性传染病。CDV对环境敏感，高温、阳光、多数清洁剂、肥皂和多种化学物质（0.75%石碳酸，0.3%季铵盐，0.1%福尔马林）都可以杀死CDV。

CDV可以通过身体分泌物排到体外，尤其是呼吸道的分泌物，所以一定要把患病动物和健康动物分开。患病的犬就算是处于恢复期也可以排毒数周，但痊愈后就不再排毒。幼犬发病率较高，随着犬龄的增长发病率会逐渐降低。如果家中有死于CDV感染的犬只，那么就应对家里进行彻底的消毒，至少一个月以后才能接纳新的犬只。

CDV感染的症状有很多，初期的症状不明显，主要是食欲不振、精神沉郁，有轻微的结膜炎，同时伴有40℃～41℃的高烧。这时的高烧一般1～2天退烧，除结膜炎外其它症状可能消失。随着疾病的发展呈现多种症状，最常见的就是眼睛、鼻子有大量的分泌物，同时鼻子发干，眼睛周围脱毛，同时出现咳嗽。除此之外皮肤有时会出现化脓性的小包，呕吐腹泻甚至便血，眼睛出现较明显的角膜炎或结膜炎。CDV发展的后期一般都会出现各种各样的神经症状，轻微时有眼角、耳朵、嘴角局部抽搐，四肢的轻微抽搐，严重的就是全身性抽搐甚至瘫痪，大小便失禁，如果出现神经症状一般存活时间不长，就算能活下来，绝大多数也会有后遗症。

CDV现在可以通过疫苗进行预防，所以做好免疫是预防CDV最有效的办法。

犬细小病毒病

犬细小病毒病是由犬细小病毒2型（CPV-2）引起的一种严重肠道传染病。犬细小病毒可以在外部环境中存活较长时间，但可以被福尔马林、次氯酸钠杀死，所以如果家中有死于细小病毒感染的犬只，建议在家中进行彻底消毒处理，6个月后才能再养其它幼犬。

细小病毒感染后主要是消化道出现症状。发病后呕吐、剧烈腹泻，腹泻开始一般为黄色或黄绿色，严重的会出现大量血性腹泻，同时伴有脱水，精神高度沉郁。有些细小病毒感染会引发心肌炎，发病极快，死亡率极高。

细小病毒现在是所有传染病中发病率较高的疾病，但是可以通过免疫进行预防。

牙周病

齿龈炎的主要症状是口臭，边缘齿龈水肿增厚，出现红斑，严重时有出血，面部肿胀、牙周肿胀。牙周炎会引发牙齿附着不牢固。

我们建议为犬只建立一个较为完善的口腔卫生计划以减少牙菌斑的积累。

1.养成宠物刷牙的习惯。理想的是每天一次或者每周至少三次，可以使用宠物专用的牙刷或者用手指缠绕纱布进行清理。这个方法应从幼犬开始应用，让犬只养成刷牙的习惯才不会出现因刷牙产生疼痛从而伤害主人的现象。

2.经常吃一些较粗糙的食物，增加咀嚼量。

3.可以咀嚼一些玩具，但同时要避免玩具过硬伤害到牙齿和软组织。

4.定期用牙齿口腔清洁产品。

眼 病

松狮犬眼睛较常出现的是结膜疾病，主要分两种，一种是常见的结膜炎，一种是遗传性的眼睑内翻。

遗传性眼睑内翻是一种眼睑向眼球内部翻转内卷的眼科疾病，因内翻程度和倒睫程度不一样症状也不同，较轻微的可能只是经常流泪，出现结膜炎、角膜炎，结膜充血发红，角膜水肿，严重的可能会出现溃疡性角膜炎，角膜穿孔。

现在的治疗手段主要是通过手术纠正内翻，单纯的药物治疗一般效果不明显，只能减缓结膜炎的发展速度。所以如果你的松狮犬出现眼睑内翻，最好尽早进行手术治疗。如果角膜出现较严重的病变，可能会影响以后的视力。

耳 病

现在宠物耳病的发病率越来越高，统计数据显示，各种原因引起的外耳炎占耳病总数的九成以上。

外耳炎主要是由寄生虫（螨虫），异物（如洗澡进水）过敏和皮肤病几种原因引起的，其中由寄生虫和洗澡进水等异物引起的病例超过了70%。

螨虫引起的外耳炎会造成动物耳部严重的瘙痒，同时会出现一些黑色或黑褐色的干性分泌物。洗澡进水等异物引起的外耳炎会造成耳廓皮肤发红、肿胀，同时伴有黄色或褐色的较黏稠的分泌物，气味较大。

平时要经常给松狮犬清洗耳道，最好能做到一周2～3次。洗澡时注意不要进水，洗完澡一定要清洗耳道，把残留物清洗干净。如果出现外耳炎一定要去医院购买专用的药物治疗，不要将一般性清洗液体当药物使用。

松狮犬的训养

很多饲主常会对宠物的一些行为感到苦恼。例如宠物的乱叫、乱吼影响你和邻居的关系，宠物在公共场合不听话、不礼貌弄得你尴尬无比，你会发现对它的训养十分重要。松狮犬也是如此，松狮犬本身就不愿意与陌生的人或陌生的事物接触，因此对于松狮犬的训养是保证松狮犬彬彬有礼的一件重要工作。训养出一只懂礼仪、易交往的松狮犬会让饲主与犬只的未来生活更加和谐。

训练松狮犬坐下

让松狮犬乖乖地坐下，就好比让自己的孩子正坐一样，也是最开始要教会的东西。松狮犬乖乖的坐下，可以让你很有自豪感，在外出的时候，还可以向外人展示自己爱犬的良好教养。嘟嘟介绍的"坐下"这个动作，是指犬只无论有任何干扰，都会安静地坐在主人指定的位置，主人不发"起来"或"走"的口令时，犬只是不能离开坐的位置的。这就需要主人定期反复的训练，让犬只彻底明白"坐下"的真正命令。

1. 使用牵犬绳，并试着缩短牵绳的长度往上提，与此同时还应当发出"坐下"的声音，同时选择松狮犬喜欢的玩具或零食加以诱导（见图1）。

2. 尝试将牵犬绳松开，用一只手轻轻拉住松狮犬的头部，一只手继续用玩具或零食诱导发出"坐"或"坐下"的口令。如果松狮犬长时间不坐，可选择一位对犬只熟悉的人从腰部轻轻按下，使其坐下（见图2）。

3. 如果犬只做到了这个动作，主人一定要奖赏一下乖乖的松狮犬，以抚摸或零食作为奖励（见图3）。

训练松狮犬不扑人

相对于其它犬种来说松狮犬的训练过程是需要多一些的时间与它们交流、沟通，这与松狮犬的冷漠的性格有关。很多饲主对于松狮犬的训练都半途而废，只有一小部分饲主有耐心坚持重复训练，改变了它们很多的不良习惯。训练松狮犬的饲主首先要理解，训练其实是与犬只所进行的一种交流方式或是娱乐方式，如果我们将训练当作娱乐，也许很多的饲主就不会觉得枯燥了。松狮犬平时也喜欢讨好主人，它们经常以扑到主人身上的方式来表达对主人的依赖。这时如主人不立刻制止甚至是鼓励这种行为，后期它们会用这种方式去对待它们喜欢的其他人。

1. 当松狮犬扑在主人的身上时，主人应当对这种行为进行制止，面对它说"NO"或"下去"（见图1）。

2. 当松狮犬从主人身上下去后可以继续练习让其坐下，同时可以配合手势（见图2）。

3. 当松狮犬坐下稳定几秒钟后，主人应离开座位用抚摸或是零食给予奖励（见图3）。

训练松狮犬拒绝陌生人的食物

松狮犬的食欲、好奇心会在外出散步时让主人烦恼，许多松狮犬在幼犬时没有接受过训练，所以它们在外出时常常会捡食地上的食物，或是在主人不注意时接受陌生人的食物。这样会直接影响它们的健康，主人掌握让犬只拒食这一动作是非常必要的。

1. 主人在外出散步时，一定要使用牵犬绳，同时携带犬只喜欢的玩具或零食，当犬只看到地上的诱惑物时主人应立即缩短或紧拉牵引绳，发出"NO"或"不"的口令以示警告（见图1）。

2. 当犬只头部抬起时，主人应给予玩具或零食进行奖励，意为如果你不乱吃东西我就奖励你（见图2）。

3. 在训练过程中可以寻找一个陌生人参与训练，陌生人手持零食引诱松狮犬吃，这时主人应发出"NO"或"不"的口令，命令松狮犬拒绝食物。如果犬只放弃食物则给予其抚摸或零食进行奖励（见图3）。

松狮犬

训练松狮犬的随行

　　如果你喊一声"过来"，你的松狮犬就乖乖地跑过来，那散步的时候就是不是更有情趣了呢？一旦你松开了手里的犬绳，再要抓住爱犬就不用兴师动众了，只要你喊一声它就会乖乖地回到你身边。大家也会赞扬你的犬很"聪明"。

　　1．最初的训练应在室内，一只手使用牵犬绳牵引犬只，一只手可以选择它喜欢的玩具或零食（见图1）。

　　2．当犬只发现某种新鲜食物或事物时，会快速拉动牵引绳向前，这时主人应迅速拉住牵引绳，同时发出"NO"或"不"的口令进行警告，使用牵引绳将犬只的头部尽量拉向主人一侧的方向（见图2）。

　　3．当犬只安静或稳定下来后，主人同样要给予玩具或零食的奖励（见图3）。

训练松狮犬时，主人要掌握方法与技巧，反复训练，不要用粗暴的行为或过重的语气来影响它们对训练的兴趣，如果能让它们感觉和主人在一起是很快乐的事情，那就不需要花费太多的时间。主人在训练中应该注意和松狮犬培养亲密的关系，让自己与爱犬的生活更加快乐。

　　松狮犬的日常饲养方法是很重要的，这是一个松狮犬健康成长的前提，也是我们能够和可爱的松狮犬和谐生活的保障。当松狮犬乖巧地跟在你身后闲逛的时候，你就会发现自己是多么幸福。当众人投来羡慕目光的时候，你才真正体会到你付出的辛苦都是有意义的。

嘟嘟 提示

　　刚开始可以将犬绳放开一些，然后拉着牵犬绳喊犬过来，试着缩短牵犬绳的距离让松狮犬意识到走近主人是可以的。如果松狮犬能够做到，就可以挑战去掉犬绳了。你可以喊"这边，过来"经过耐心反复的训练，松狮犬能够做到的话，主人就可以奖励了。训练初期可以先选择在室内完成，然后逐步转移到室外，因为室外的干扰要比室内的干扰多，训练起来的难度就会增加。

日常美容方法

Daily Grooming of Chowchow

松狮犬

本章运用图文并茂的形式，详细介绍了松狮犬的日常美容方法，从梳毛、耳部和眼部护理、洗澡、擦拭、吹风等多方面进行介绍。读者可以通过阅读，掌握松狮犬的基础美容方法。同时本章简单介绍了一些松狮犬的专业美容方法以及修剪后的样子。通过专业美容可以让一只家庭宠物犬看起来更加漂亮，身材更加完美。

松狮犬的皮毛护理

　　松狮犬在洗澡美容前的第一步是梳理毛发，把毛发拨开，从毛根梳至毛尖，遇到阻力时（打结的毛发）抬起梳子重新梳理，不可直接拉至毛尖。如果直接拉至毛尖会折断毛发，产生严重的掉毛现象。在洗澡前为松狮犬梳毛的目的在于先把打结的毛发梳通，如果打结的毛发没被梳开就去洗澡，毛发会粘在一起更难梳通，长时间毛发打结将会导致皮肤病。

梳理毛发的步骤

　　1.臀部梳理，从臀部开始逆毛梳理，在梳毛过程中可以用喷壶喷少量水至毛发，目的是防止毛发断裂，避免产生静电，更好地梳理毛发。

　　（用喷壶喷水时喷头向上，不要直接朝毛发上喷水。）

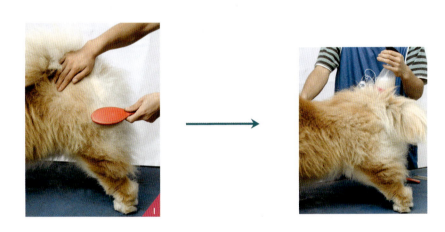

　　2.躯干部梳理，从下逐层向上梳理，不要用力拉扯，遇到阻力要反复梳理。
　　3.颈部梳理，逆毛逐层梳理。

4．前胸梳理，从下拨开毛发，向上一层一层梳理，梳至喉结处。

5．尾部梳理，逆毛逐层进行梳理。

6．头部梳理，用针梳进行逆毛梳理。

7．前驱腿部饰毛梳理，从下向上一层一层梳理，尽量不让毛发受损。

8．如果皮毛赶粘得非常严重，要用排梳彻底梳开打结的部位。

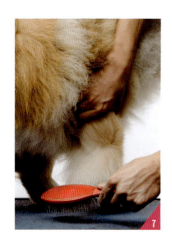

嘟嘟提示

在梳理和清洗毛发的过程中一定不要忽略松狮犬的腋下部位，这个部位经常被忘记，也是犬只容易产生皮肤病的部位。在梳理过程中的主要的工具为排梳、针梳和圆柄针梳。

松狮犬的耳部护理

对松狮犬进行耳部护理前，先要检查耳部的健康状况。正常的耳部用棉签清洗时无色无味。耳部常见的疾病有两种，一种为中耳炎，耳朵内会出现淡黄色或深黄色的分泌物。另一种为耳螨，耳朵内会出现咖啡色的污垢，耳螨现象严重时耳朵内会有臭味。如果发现有以上现象应及时就医。

耳部护理的步骤

1．将专用的耳部清洁液滴入耳道内。

2．将耳朵抠住轻揉，使清洁液被皮肤充分吸收。

3．用止血钳将医用棉卷成棉球。

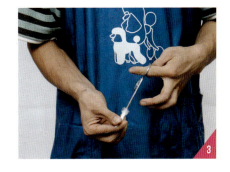

4．深入耳部进行擦拭，将耳垢彻底清理。如果是非专业美容人员在操作时则须注意不能将止血钳探入过深，以免损伤犬只的耳道或耳膜。一般来说，滴入清洁液之后，犬只会通过甩头的方式甩净耳垢。

5．用棉片或棉签进行最后擦拭，包括耳道与耳廓。

松狮犬

松狮犬的眼部护理

眼睛是心灵的窗口，犬的眼睛用途更多，它们可以通过眼睛准确测定前方物体的距离，并可在微弱的光线下辨别物体。眼睛也是犬只较脆弱的部位，宠友应特别关注犬只的眼部护理。眼睛出现问题有时也会表示犬只的身体出现了问题。而松狮犬的眼部问题会更加突出，松狮犬的眼睛容易出现倒睫或眼睑内翻现象。当这种现象严重时会引发很多眼部疾病，如眼睛肿胀、结膜炎、白内障等。松狮犬的眼部护理是这个犬种中很重要的一个环节。只有注重日常的基础护理，掌握正确的方法，才能让犬只的生活更加健康。

眼部护理的步骤

1．护理时首先要把松狮犬的头部抬高。用拇指食指拿住眼部清洗水，用小拇指压住眼皮向上提，拇指食指顺势将清洗水滴入眼睛。

2．轻揉眼部，用棉片把眼部周围的污垢擦拭干净，切勿用干棉花球擦，否则会把棉絮粘在其眼睛里面，影响眼睛的健康。

 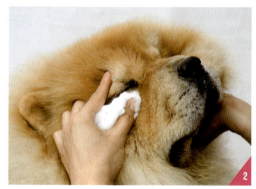

1．要选用宠物专用的眼部清洗水为宠物做眼部护理。

2．松狮犬眼部的护理周期一般为一周一次，如果眼部分泌物增多，则需要每天清洗一次或两次。

怎样给松狮犬剪趾甲

给犬只剪趾甲是最让人头痛的一件事，大多数犬只都不喜欢剪趾甲，这个时候它会紧张、抗拒。松狮犬也不例外，这个工作在松狮犬小时候就要经常进行，让它慢慢习惯这个美容步骤。在剪趾甲时切忌着急强硬，以免犬只伤人。注意在剪趾甲时不要剪到血腺。

剪趾甲的步骤

1. 深色趾甲修剪时要一层一层修剪，剪到血管前出现湿润层就要停止。如果再往下剪趾甲就会出血，一旦出血要快速用止血粉进行止血。

2. 白色趾甲的修剪就较为简单，白色趾甲可以直接看到红色的血管腺，在血管腺前进行修剪即可。

3. 修剪时的三个具体步骤：第一刀直剪，第二刀和第三刀斜剪。

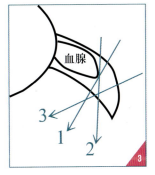

血腺

（图解修剪趾甲）

嘟嘟提示

修剪后的趾甲需要用趾甲锉将趾甲磨光滑。如果趾甲修剪不得当，犬只在运动中趾甲会劈裂，严重的会发炎，影响其正常行走。

怎样给松狮犬剃脚底毛

　　需要剃除的脚底毛位于脚掌的掌心部位，这个部位是犬只汗腺分泌的部位，在夏季要将掌心毛发剃除干净，保持犬只正常排汗。（脚趾间的毛发不要剃除，剪短即可。）

剃脚底毛的步骤

　　1.一只手紧握电推剪，一只手握住犬只的腿，使犬只不乱动。

　　2.从外向内将犬只脚掌内的毛发剃干净。

　　3.将脚掌心的毛发修剪干净，可使犬只在运动时更加舒适。

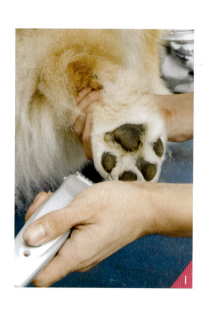

 嘟嘟 提示

　　在夏季，家庭饲养的宠物犬也可以将其生殖器的毛发剃除，保持生殖器的干爽、清洁，这样打理起来也更加方便。公犬可以剃成"V"字型，母犬可以剃成"U"字型。

怎样给松狮犬洗澡

完成以上四个步骤后,就可以开始给松狮犬洗澡了。由于犬只的毛鳞片与人类的毛鳞的酸碱值不同,所以,在给宠物洗澡时要选用宠物专用沐浴露,而不能用主人使用的沐浴露。如果长时间使用人用的沐浴露会使犬只的毛发渐渐失去光泽,产生断裂现象。

掌握洗澡周期,犬与人不同,不可以天天洗澡,洗澡过于频繁也会损伤它的毛发,松狮犬的洗澡周期一般为8～12天,长时间不洗澡毛发容易打结,而且由于松狮犬自身可以分泌油脂,如果长时间不洗澡,油脂会沾染灰尘或污垢,堵塞毛孔,引发皮肤病。合理使用沐浴露,掌握洗澡周期,使用正确的洗澡方法是帮助松狮犬健康成长的一个很重要的部分。

洗澡步骤——冲水

1. 在洗澡前先用棉条塞入松狮犬的耳部,以免在洗澡过程中进水。
2. 冲水前要先试水温,水温一般为36℃～38℃为宜,冬季水温可以稍调高一些。

3．洗澡前的最后一步是挤肛门腺。拇指和食指从肛门两侧8点和4点的位置向上推，到9点和3点位置向中间挤出。

4．从臀部向颈部冲水。

5．清洗身体时从上向下冲水。

6．腹部冲水时要用手进行轻柔。

7．头部是犬只最敏感的部位，要最后冲洗。

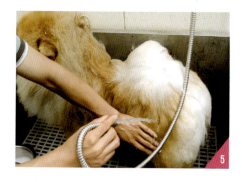

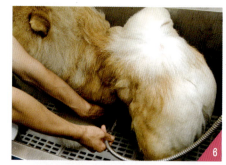

嘟嘟 提 示

每次给宠物洗澡时切勿忽略挤肛门腺。

肛门腺中为粪便的残留物，如果处理不当会造成肛门腺发炎。有时候会发现犬只在地下蹭屁股，这个时候你要注意给犬只检查肛门腺了。

洗澡步骤——清洗

1．将沐浴露按照产品包装说明中的比例进行稀释（有些沐浴产品不稀释也可直接使用，注意看产品包装说明）。

2．用手指顺毛向下揉搓。切忌在毛发上来回乱揉搓，这样很容易使毛发打结。

3．清洗毛发时也要按照从后向前、从上向下的顺序清洗。

4．前肢腋下、后肢腋下、生殖器需要着重清洗。

5．最后清洗头部。

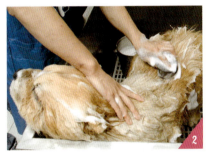

　　在清洗时要轻揉毛发，逐层清洗，注意以下几个重点部位不能忽略，例如腋下、生殖器、脚趾，最后要将沐浴露彻底冲洗干净，再好的沐浴露没有冲洗干净，也会对宠物的皮肤产生危害。

 松狮犬

洗澡步骤——擦拭、吹风

1. 用吸水毛巾或大毛巾，尽量把毛发上的水吸干。
2. 反复吸水，毛发上的水吸得越干，吹风时就越节省时间。
3. 擦拭后用吹水机把毛发上的水吹干。
4. 吹风的方式同样从臀部开始，然后是躯干部、腹部、胸部，最后吹头部。

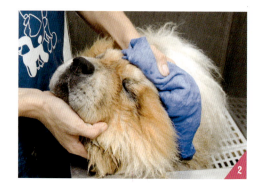
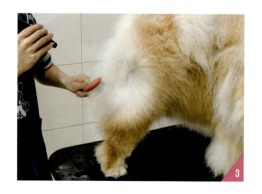
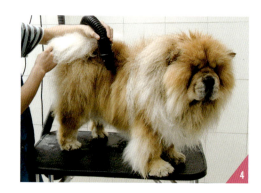

 嘟嘟提示

　　由于松狮犬属于长毛犬种，建议宠友吹风时要逐层吹干，从毛根向外吹，并拉直。一定要把皮肤与毛发都吹干，如果毛发吹干皮肤没有吹干，很容易患皮肤病。建议宠友尽量选择到专业的宠物店去给犬只洗澡或美容。

赛级松狮犬美容基本步骤

赛级犬美容的基本步骤与日常美容方法相同，区别主要集中在赛级犬的修剪方法上，宠物级的松狮犬平时一般不用修剪毛发。赛级犬的修剪可使犬只更加符合标准，在赛场上展现出它完美的体形与气质。

修剪方法

1. 先把四肢修剪成猫爪，使脚部看上去饱满结实。
2. 对前肢后部饰毛修剪时，沿脚掌后方向上倾斜10°～15°修剪。
3. 后肢修剪时，后肢飞节垂直地面（图片指示飞节的位置）。
4. 臀部从肛门定位，肛门两侧饰毛向两侧成扇形梳理，先将肛门修剪干净，从肛门向尾部修剪成一斜线。从肛门向坐骨修剪斜线，从坐骨向飞节处修剪弧直线（图片指示修剪斜线的位置）。

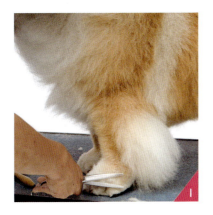

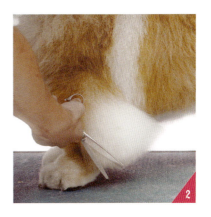

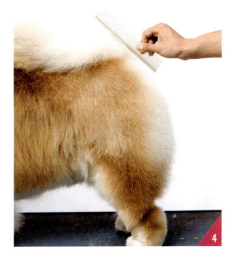

5．腹部从肘关节下一厘米平直延伸到腰部和后腿的连接处。腹部与侧腹部的连接处应为弧线(如图所示)。

6．胸部，从胸底定位向上到胸骨应为斜线(如图所示)。

7．头部，从肩胛骨颈椎骨两侧统一向鼻尖方向呈圆形。(如图所示)。

8．耳部修饰，用大拇指捏住耳尖，拔除杂乱的长毛，保证松狮犬的耳尖边缘为圆形。

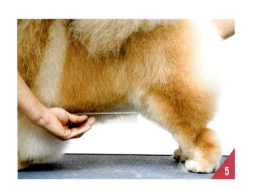

赛级犬的修剪时间一般在 2 小时左右。松狮犬的日常美容与赛级犬的美容方法，已经介绍完毕。如果你是一位松狮犬发烧友，可以填写本书最后的读者调查表，安娜犬舍会有精美礼品赠送。

图书读者调查表

请妥善填写以下表格并剪下，寄至：北京市昌平区天通苑北一区41-7-1201(信封上请注明"图书读者调查表"字样)。凡来信参与图书调查的读者，将赠送礼品一份。此外，我们还将抽取50名幸运读者，免费阅读下一年"乐嘟宠物圈"，全年6期。

一、您的资料

姓　　名_____　　性　　别_____　　职　　务_____

联系电话_____　　手机号码_____　　邮　　箱_____

您所在的城市_____

联系地址_____

邮　　编_____

二、爱宠信息

1. 您目前喂养的宠物：

品种_____　　年龄_____　　性别_____　　特长_____

2. 关于您目前正在喂养的宠物，您最关心的问题是：

□花费　　　　□饮食　　　　□生活习惯

□心理状况　　□健康状况

3. 您的宠物目前食用的宠物粮食品牌是：

_____

4. 至今为止，带宠物去医院的次数：

□没去过　　□1~2次　　□3~5 次　　□5次以上

5. 是否有为宠物美容的习惯

□是　　　　□否

6．宠物每月的平均消费

□100～300元　　□300～500元　　□500以上　　□1000元　　□1000元以上

三、您平时获取宠物知识的途径是

□杂志　　　□图书　　　□网络　　　□电视　　　□其他

四、您认为本书的可读性

□很好　　　□较好　　　□一般　　　□不足

五、　您的建议

1．您认为应该增加哪方面的内容，并对内容安排方面有何建议

_____

_____

_____

_____

2．您对本书版式设计方面有什么意见和建议

_____

_____

_____

_____

3．您在养宠中需求更多的知识是_____

_____

_____

_____

读者也可上网填写调查表，我们的工作人员会与您及时联络。

乐嘟宠物圈网址：www.ledupet.com